From minimalist to “monomalist”.

The simple, life-changing

RULES

for choosing THINGS

思考と暮らしをシンプルに

人生を変える
モノ選びのルール

堀口英剛

hidetaka horiguchi

はじめに

豊かでたくさんの〝モノ〟があふれるこの世の中、モノに付随するさまざまな情報がテレビやスマートフォンから私たちの頭の中や心の中に流れ込んできます。そんな情報の洪水の中、あなたは本当に自分の身の回りのモノに対してこだわりを持てているでしょうか。

モノの選び方はその人の生き方や考え方に直結するというのが私の持論。せっかく多くの選択肢が選べる豊かなこの世の中だからこそ、一番自分が良いと思える「ときめくモノ」を側に置いておきたいと思いませんか。

モノに対するこだわりを語ったブログ「monograph（モノグラフ）」を２０１１年に開設して以来、そんな想いに共感をしてくれる読者が徐々に集まり、今では月間で数十万人、年間で数百万人という方に私の記事を読んでもらえるようになりました。

日々記事を更新すると読者の方から「思わず手に取ってみたくなりました」「お金を貯めていつかこれを買おうと思います」といううれしい声をいただけ、紹介したモノがさらに多くの人に広がっていく様を見るたびに、私の心はいつも温かくなります。

好きが高じて、今では自分と同じように「モノ」についてこだわりを持って語れる書き手を集め、紹介記事の制作・配信をサポートし、良い製品を世に伝えるお手伝いをする会社「drip」の代表を務めるまでになっています。

私は自身のポリシーとして自分が「これだ!」と思った「ときめくモノ」のみを「monograph」に載せるようにしています。

読者の方も私と同様こだわりの強い方が多いので、どこか少しでも自信のないモノを紹介すればすぐに見破られてしまいます。ですから毎回、一記事でも手を抜くことは許されません。

こんなブログを5年も6年も続けていれば、自然と知識もつき目も肥えるというもので、製品の良し悪しや自分に合うモノか否かがひと目で判断できるようになりました。

私の周りにあるモノは、そんな自分と読者の厳しい目をくぐり抜けたこだわりのある逸品ばかり。家の隅から隅、頭の先から爪先まで、すべてのモノに対して、私はそのモノの「良さ」と「持っている理由」を話すことができます。

手のひらに吸いつくような革小物の質感はいつでも側に置いておきたくなる温かみが、社会人に成り立ての頃に少し背伸びをして買った鞄にはかけがえのない思い出が、ジム用のスニーカーには毎週のキツいトレーニングを少しでも楽しくするための工夫が。「良さ」も「理由」もそれぞれですが、私が持っているモノには必ず「ストーリー」があります。

その「ストーリー」を語るのが私の仕事。

「ときめくモノ」というのは決してスペックや価格だけで語れるものではありません。「なぜ、それを持っているのか」「なぜ、それを選んだのか」という物語が重要なのです。私は身の回りのすべてのモノに対してこの「ストーリー」を語ることができます。一つとして適当な理由で選んだモノはありません。

さて、みなさんはいかがでしょうか。あなたの服装、部屋の中、鞄の中身を思い出してみてください。

どれだけ「自分のストーリー」を語れる、「ときめくモノ」があるでしょうか。「なんとなく」で選んだこだわりのないモノが紛れ込んではいないでしょうか。

「外見は一番外側の内面」と言いますし「神は細部に宿る」とも言います。それと同様に「モノは自分を映す鏡」だと私は考えます。

あなたの周りにあるモノは、あなたが行った「選択」の結果。こだわりのないモノが周りに存在するとしたら、それはあなたが「なんとなく」で選択をしているという証拠です。

選ぶモノは決して高価なモノでなくていいのです。「理由を語れる」ということが何よりも大事。取捨選択の精度を日々磨いていきましょう。この選択の積み重ねこそが人の生き方、人生に直結するものだと私は考えています。

たかが「モノ選び」と侮ることはできません。何を手に取るときも一つの選択として考え、きちんと理由を持って答えを出していきましょう。なんでも人にすすめられるがままに買っていたら、あなたの人生は他人にコントロールされているのと一緒です。自分で考え、本当に良いと思ったモノのみを選択する。モノ選びは、自分らしい人生を歩む第一歩です。

そしてこの本をあなたが手に取っているということも、一つの選択の結果。タイトル、装丁、帯のコピー、何かがあなたに響き選んでもらえたと思えば、著者としてこんなに喜ばしいことはありません。

この本では「私のモノに対するこだわり」「実際に持ち歩いているモノ」や「モノを通した私の考え方」を綴っていきます。

最後まで読み終わったあと、この本がずっとあなたの身の回りに置いてもらえるような、「ときめくモノ」になっていれば幸いです。

この本をきっかけにあなたの人生の中で少しでも良い選択が、モノを通したストーリーが生まれることを願っています。

２０１８年２月　堀口英剛

chapter

2

思考と暮らしを洗練するモノ

chapter

3

モノ選びのマイルール

chapter

4

こだわり抜いた普段の持ちモノ

モノマリストの鞄の中身

chapter

1

「ときめくモノ」に囲まれると毎日が楽しい

触っていて心がときめくモノ——。

このモノたちによって、毎日が楽しくなり、行動的になり、ラクになり、やりたいことができるようになっていきます。

まずは私自身のモノとの向き合い方について話していきます。

「ときめくモノ」をあつめよう

みなさんは日々の生活の中でどれだけワクワクすることや何かにときめくことがあるでしょうか。

嘘だろうと思われるかもしれませんが、私は毎日、毎朝、毎晩、ワクワクとときめきを感じています。それは別段私がポジティブな性格というわけではなくて、**自動的に自分の気分が上がるようなモノを生活の随所に散りばめているから。**

自分の気分やモチベーションを自分一人の力でコントロールするというのは並大抵のことではありません。相当自律心の強い人か意志の固い人でないと無理な話です。ですので私は、**弱い自分を助けるために、元気づけるために「モノ」に頼っています。**

朝起きて最初に飲む一杯の甘い甘いカフェオレ。

袖を通すだけで人に会いたくなる、風合い豊かなリネンシャツ。

どこまでも歩いて行けそうな足に馴染む革靴。

どんな場所でも最高の音質を耳にダイレクトに届けてくれるワイヤレスイヤホン。

触るたびに家に帰るのが恋しくなる使い込まれたキーケース。

どれも一つひとつが私の気分を少しだけ、ふわりと軽くしてくれるときめくモノたちです。**このときめくモノが周りにあることによって、私の心の平穏は保たれています。**

巷では「モノなんていらない」という極端なミニマリズム志向も流行っていますが、私の生活はそれとは真逆の方向をいきます。「モノがないと生活できない」と言ってもいいほど。

モノはすでに私の生活の一部であり、私自身の一部ですらあると思っています。

道具やモノに頼ることは決して悪いことではありません。その道具の用途や必要性をきちんと理解し、最適に使いこなせるのであれば道具はないよりあったほうがいいに決まっています。

人類の歴史は、道具の進化の歴史と言っても過言ではないでしょう。数百年前の、鎌倉時代や江戸時代の人々と今の私たちに、決定的な違いはきっとありません。進化しているのは人間ではなく、道具。

その過去の積み重ねで、たくさんの種類や選択肢が用意されているのが現代です。必要なモノをきちんと選び抜き、使いこなすことができれば個人の力は何倍にも膨れあがらせることができるはずです。

だからこそ、**今求められているのは無駄なモノを省き、自分が本当に必要なモノと出会う力。**モノを見極める目こそが、現代を生き抜く最重要なスキルとさえ言えます。

その「自分にとって必要なモノ」こそが〝ときめくモノ〟だと私は考えます。

それは「長く使えるモノ」や「最新のモノ」だったり、「思い出が詰まっているモノ」など在り方はさまざま。触るだけ、持っているだけで少しだけ良い気持ちになれるモノがあなたの周りにもありませんか？　それがあなたにとってのときめくモノです。

そのときめくモノだけに囲まれた世界を一度想像してみてください。

見ているモノ、着ているモノすべてがワクワクに包まれていれば、必然的にあなたの生活は輝いてくるはずです。

ですから、私は自分のモチベーションを上げ、最善のパフォーマンスを出すために周りのモノには徹底的にこだわっています。

私が持っているモノはそれぞれすべてがときめくモノ。

値段にかかわらず、「なぜ私がこれを持っているのか」を胸を張って説明できるモノだけです。そのような自分が自信を持って選んだモノに囲まれていれば、自然と自分にも自信がついてくることでしょう。

モノには自分に影響を与えるインプットの役割と、自分の考えをあらわすというアウトプットの役割の両面があります。自分の理想の生活を実現するために、まずはわかりやすく、形のあるモノから自分の理想に近づけてみてください。

朝一番に楽しいモノを

小さい頃から20代の前半まで、私はとにかく寝ることが大好きでした。一歩たりともベッドから動かず、16時間以上シーツに包まれていたこともあります。若い頃は親に心配をされ、一般的な人に比べあまりにも寝すぎなのではないかと病院に連れてかれたほどです。結果的には健康そのものでなんの病でもなかったのですが……。

長時間睡眠をとるということは、その時間を単純に失っているわけで、もっともっと時間がほしいと思っていた私には早起きというのは昔からの悲願でした。

朝余裕を持って起き、身支度を整え、心地の良い日差しを浴びながら清廉な空気の中で自分のやりたいことをやる。

こんなに素敵な一日の始まりはありません。早起きができた日はそれだけで一日が素晴らしい日になるような気がします。

朝起きてすぐの時間は脳のゴールデンタイム。寝ているあいだに一日の情報が整理され、リセットされ雑念のない状態で物事を考えることができます。

このまっさらでブレーンな状態がブログの記事を書くのにも最適で、前日の苦労が嘘に感じるほど朝の指はよく動き、キーボードは「パチパチ」と小気味良い音を奏でます。同じ1時間でも夜中にダラダラと過ごす1時間とはまったくの別物です。それだけ早起きをして手に入る時間というのは尊いものです。

そしてここ数年、ようやくこの朝の時間を手に入れることができるようになりました。それもまた、あるモノがきっかけです。

2〜3年前にタイへ1週間くらい旅行に行った際、バンコクの古書店で偶然手に取った松浦弥太郎さんの『今日もていねいに。』という一冊の単行本。近場のカフェに入りなんとなく開いた冒頭のページに、「自分プロジェクト」という話がありました。

「これができたら、すてきだろうな、面白いだろうな、きっと新しい発見があるだろうな」といった小さなプロジェクトをいくつも持つというもので、松浦弥太郎さんの場合は「ギター」が一例として紹介されています。

「大好きな一曲だけを、じっくり二十年くらいかけて、気持ちよく弾けるようになりたい」「七十歳くらいになって孤独と暇が訪れたとき、ギターが気持ちよく弾けたら、さぞかしうれしいだろうと、わくわくします」という話にガツンと頭を殴られたような衝撃を受け、日本に帰ってからその足ですぐに御茶ノ水の楽器店で中古のアコースティックギターを一本買って帰りました。我ながらミーハーかつ素直な性格をしているなと思います。

ここでやっと冒頭の話に戻るのですが、**そのときに買った一本のギターが今私の「早起き」のトリガーになってくれています。**

iPhoneの目覚ましに起こされ、寝ぼけながらイスに座り、ペットボトルのミネラルウォーターを一本空け、ギターを手に取りポロポロと指で弾いてみる。この時間が一日の中で私が一番好きな時間。弾くのが楽しくなってきた頃には自然と目が覚め、今日も良い一日にしようというやる気がわいてきます。

このギターという「楽しみ」を持つようになってから、私はすんなりと早起きができるようになりました。

やりたいことや目的があればそれは早起きの動機につながります。そしてそれが楽しいものであれば尚更。

私は決して意志が強いほうではないので、今までずっと睡眠という欲に抗うことができませんでした。しかしその睡眠欲を超える「ギターを弾きたい」という別の欲に出会った結果、意志の弱い私は必然的にそちらに流されたというだけです。

そのきっかけを作ってくれたのがギターという〝モノ〟。

早起きをしたいという感情の「トリガー」になるモノをきっと十数年探していたのだ

と思います。

このように自分の意志によらず、感情を動かしてくれるモノが私の周りにはいくつか存在します。見返してみると、そのどれもが自分のこだわりが詰まったモノです。このギターも何軒もお店を回り、悩んだ結果、多少背伸びをしてでも自分が気に入るモノをと購入した一本。見た目も音色も端から端まで自分好みで、触っているだけで心がときめくモノです。


感情の「トリガー」となり得るモノはこういった、心から自分が満足し納得して持っているアイテムのみ。

習慣を変えるには自分ではなく外部のモノに頼るというのが私の持論。自律心が弱いようで恥ずかしい気もしますが、結果的に目的が達成されれば、それでいいじゃないですか。

神頼みならぬ、モノ頼み。

このような、自分の背中を押してくれる大切な「仲間」を集めることができれば人生はきっと楽しく、円滑に進んでいきます。

モノから伝わる情報は多い

良いモノを持っている人には自然と目をひかれます。

ピンと張った厚い生地のシャツ、大切に使い込まれているのが見てわかる艶のある革靴、鞄のファスナーから覗く鈍く深い輝きを放つカメラのレンズ。身の回りのモノを見ればその人のこだわりが伝わってきます。

「外見ではなくて中身を見よう」というのは昔から何度も繰り返し使われているフレーズですが、その人の本当の「中身」を見るなんてことは超能力者でもないと不可能でしょう。

長年付き合った親友でさえもたびたび「こんな一面があったのか」と驚かされることがあるくらいなのですから、初対面ともなれば尚更。そうなると必然的に「外見」にあらわれる少ない手がかりを判断に相手の人となりを推測しなければならないのです。

判断の材料にあがりやすいのは、やはりその人が身につけている「モノ」でしょう。上下の衣服からはじまり、履いている靴、背負っている鞄、使っているスマホ、どれをとっても、その人のことを判断する重要な手がかりになり得ます。

一番わかりやすい例で言うと、結婚指輪がそうです。それと同じで身につけているモノは本人の意思にかかわらず、なんらかの意味を外部に対して発信しているのです。

たとえば、ケースをつけず画面が割れたままのスマホを使っている人は高い確率でリスクに対する理解が甘く、かつ問題を解決せずに先延ばしにする性格があると思われても仕方ありません。些細なことかもしれませんが、**モノから伝わる情報は思っている以上に多いのです。**

同じようにモノは優秀な「通訳」としても役立ってくれるでしょう。スマホでいくらでも写真が撮れるこの時代、相手が一眼の大きなカメラを持っていたら「カメラ、好きなんですか？」と十中八九聞いてしまいます。むしろ無視するほうが難しい。

モノを持つということはそれだけで立派な意思表示。自分から「僕カメラ好きなんですよ」といきなり話しはじめるのは勇気がいりますが、向こうから話しかけてくれるのであれば話すハードルも下がります。

ファッションに限らず自分を表現する手段として自分の持ちモノを一度考え直してみると面白い気づきがあると思います。

語れるモノを持とう

私の場合も、やはり会話がモノからはじまることが多いです。

私は今MOTHERHOUSE（マザーハウス）というブランドの四角いレザーのバックパック（➡136ページ）を背負っているのですが、革の鞄でここまで四角くシンプルで、背負えるバックパックはほとんどないので出先の商談や打ち合わせでも「その鞄面白いですね」と言及をしてもらえることが多いです。その質問が来たらもうこちらのペース。

「この鞄はMOTHERHOUSEというメーカーのバックパックで、デザイナーは日本人、製造はバングラデシュの直営工場で生産されているんですよ」

「バングラデシュの人は、勤勉かつ真面目なので国産品と変わらないクオリティのモノを日本よりコストを抑えて作れるらしいんです」

「レザーの扱いが伝統的にうまくて実際に大きなメーカーの代理生産を行っている工場も多いんです」

「毎日背負っていますが、とっても背負いやすいしヘタらない、さらには使っていくうちに深い艶とコクが出てくるらしいので、朝手に取るたびに愛着が増してくるんですよ」

なんて説明は立板に水のようにすらすらと流れるように出てきます。**すると「この人は持ちモノ一つにもこだわりを持って生活しているんだな」という印象を相手に感じてもらえます。**

同じように先日はHender Scheme（エンダースキーマ）のヌメ革スニーカー（»»170ページ）を履いていたら、初対面のヒゲを生やした小粋でお洒落なおじさんから「それめっちゃカッコイイね。どこで買ったの？」とカフェで話しかけられ、会話がはずみ、新たな出会いが生まれました。

いつも通っているジムでも、基本的にほかの利用者との交流はないのですが、ドイツ製のThe Dashというワイヤレスの完全に左右が独立した小さなイヤホン（»»138ページ）で音楽を聴いていたら、「僕もそれ持ってるよ！」と話しかけられおすすめのワークアウトの曲を教えてもらえたこともあります。

冒頭に語ったように、良いモノには自然と目をひかれます。そして話が生まれるきっかけにもなり得るのです。

そして興味を示してくれた相手のために、そのモノについて語れる準備もしておきましょう。

あまりくどくなりすぎても嫌味ですが、**自分が持っているモノの「理由」と「良いところ」くらいはサラッと口から出てくるようにしたいです。**

自分はどうしてこれを持っているのか、どうしてこれを選んだのかを語れるのであれば、それはきっとあなたの「ときめくモノ」なのだろうと思います。もしその理由を説明できないのであれば、それはあなたがなんとなく持っているだけのモノ。少しずつでいいので**持ちモノの中の「ときめくモノ」の割合を増やしていきましょう。**

また、友人や知人、もしくは知らない人であっても、もしあなたがいいなと思うモノを身につけている人がいれば、ぜひ勇気を出して「それいいですね」と話しかけてみてください。往々にして、人は褒められるとうれしいもの。ましてや自分のこだわりの詰まった大切なモノであれば一層です。人間関係を円滑にするために、モノを有効に使っていきましょう。

はじめるため、続けるためのモノ

ここまでの話だけで読者のみなさんはすでにお気づきかもしれませんが、私は典型的な「カタチ」から入るタイプです。

何をするにもはじめる前にどんな道具、モノが必要なのかを調べます。**そして、その道具を揃え、自分に馴染んでいる姿を想像してモチベーションを上げるのです。**

小さな頃は、凛々しい立ち姿の剣士が持つ竹刀にあこがれて剣道をはじめました。

高校時代は光り輝くトランペットにひかれて吹奏楽部へ。

大学で講堂の片隅で先輩が使っていたMacBookのリンゴマークの白いライトに魅せられ、気づけば自分も熱心なAppleユーザーになっていました。

社会人になったときも、まず買いに行ったのは上質な革の鞄。

どれもはじめるきっかけは、モノが起点です。

しかし、はじめるために必要な道具は決して高価なモノである必要はありません。むしろはじめたばかりの状態や実力で不相応なモノを持っていても、自分が小さく見えてしまいますし、そのモノが持つ魅力を理解することもできないでしょう。

同じロレックスでも新卒1、2年目の一人で歩けもしない若造が腕に巻くのと社会の酸いも甘いも噛みわけた威厳ある大人の男が腕に巻くのとでは輝きが変わってきます。

ですので、はじめるときに高価なモノを買い揃える必要はまったくないのですが、やはり触ったとき、身につけたときの「感動」は大切にしましょう。値段にかかわらず良いモノはたくさんあります。

デザインが好きだから。作っている人の顔が見えるから。まだ誰も持っていないアイテムだから。理由はなんでもいいので、とにかく自分の気分が上がるモノを探し出しましょう。これが見つかればあとは簡単。このシューズを履きたいから、この万年筆を使いたいからと、自然とやる気が生まれ体が動きはじめるのです。

実際私も、毎週木曜日に近所のジムに通っているのですが、本当にモノに助けられているなと感じます。

私が使っているジム用品は「片足100グラム以下の超軽量折り畳みシューズ」に「姿勢矯正機能付きのNIKEのトレーニングウェア」「完全ワイヤレスの高音質イヤホン」「吸水力抜群の速乾タオル」と、一つひとつで小一時間は語れる「ときめくモノ」たち。

トレーニングは基本的につらく厳しいものですが、このお気に入りのアイテムがあるおかげでジムに行くことが楽しいイベントに変わっています。

物事ははじめることよりも継続をすることが何よりも一番大事。そして継続をするためには、無論やる気が必要です。

このやる気が自分の内側から無限にふつふつとわいて出てくるのであれば問題ありませんが、人間というのはそこまで都合よくできていません。

自身の中に燃える火を絶やさないよう、外側から燃料をくべ、風を通さなければ意志は続かないのです。そのための一助として私はモノに頼ります。使っていて、着ていて、一緒にいて楽しいモノがあればそれだけで継続のハードルは何段階も下がります。一度買って揃えてしまえば、ある程度自分の中でのプレッシャーにもなりますしね。

自分は意志が弱い、と思っているそこのあなた。あなたは使っている道具にときめきを感じていますか？　自分が満足していないモノを使いたくないのは当たり前。やる気が起きないのも必然です。お洒落でお気に入りの服を買ったら自然と人に会う回数が増えるように、行動を喚起するモノは日常の中に散りばめられています。

新しいことをはじめるため、そしてそれを続けるために、相棒となるモノはきちんと見定めるようにしましょう。

若者はモノに投資しよう

一番身近な投資は「モノを買う」ことだと私は思います。

私も今年で27歳、大卒の社会人年次で言うと5年目にもなるので、これくらいの歳になると周りでもちらほらと「投資」の話が出てきます。

株に投資信託、マンション投資、最近だと仮想通貨とか種類はさまざまですが、みな少なからず「何かはじめなきゃ」という得体の知れない同調圧力を感じているのではないでしょうか。

その「何か」をはじめている人はけっこう多いですが、実際それで良い結果が出ているという人はあまり見たことがありません。それで簡単に儲かったら世話はないですから。そんなにうまい話が巷に転がっているわけがありません。

だから私はいわゆる一般的な投資のようなものはあまり手を出す気はなかったのですが、ふとこれまでの自分自身を思い返してみると、実はしっかりと「投資」をしていたんだなと思い当たる節がいくつかあります。

あきらかにあれは「投資」だったなと思うのは2011年に購入したMacBook Air。当時大学生だった私には十数万円のMacBook Airは到底手の届くモノではなく、当然持ち合わせもなかったので、どこかのデパートでクレジットカードを作って最大回数の分割払いで購入をしました。

毎月コツコツと返済し2年近くをかけて一台分を完済。分割ですが一種の「借金」をしてでもMacBook Airというモノに投資をしたわけです。

毎日の通学時間往復4時間（埼玉から都内！）をすべてMacBook Airと過ごし、ブログ「monograph」を立ちあげ、記事を書くことに時間を費やしました。

今考えてみればその「投資」の結果は大成功。MacBook Airの何十台分にもなる収入がこのブログから生まれ、お金では買えない人との縁ができ、私がこれから創ろうとしている未来につながっています。

最近特に感じるのは、**「高いモノ」ほどリスクを負ってでも買う価値があるということ。**すべてがそうとは言いませんが、高いモノは良いモノであることが多い。

よく聞くのは、本当はほしいモノがあるけれど、それを買えないから妥協して違うモノを買うというパターン。

予算などもありますし仕方ないかなと思う部分はありつつも、やはりこの考え方はおすすめしません。なぜかと言うと**「妥協しても結局ほしいモノはほしい」**から。

とりあえずのモノを買っても、妥協が入っている時点で心の中にモヤモヤは残ります。そのモヤモヤをずっと抱えているのは精神衛生上よくありませんし、結局そのうちまた高い確率で、そのほしいモノを買うことになるんです。

そうしたらその「とりあえず」で買ったモノの分だけ無駄にお金を使ったことになります。もちろん無理は禁物ですが、多少背伸びをしてでも、極力そのときほしいモノを買うべきだと私は思います。

「時間と可能性」を最大限活かす

私は今ソニーのα7R Ⅱという30万円近いミラーレスカメラと20万円くらいするレンズを二本持っています（»134ページ）。金額だけ見るとちょっとたじろぎますが、私はそれだけの価値があると思ってこのカメラを買いました。

実際このカメラを買ってからブログに使う写真の質は上がりましたし、そこからまた新しい仕事が増えているので十分元はとれていると感じます。

ということは、すでにこの「投資」に対するリターンはプラスになっている状態です。

スペックも現時点では最高のモノのうちの一つなので、自分の腕の言い訳ができないというのも大きいです。カメラは一流なので良い写真が撮れないのは自分の責任。否が応でも自分の腕を磨くしかありません。

そしてさらに、このカメラに関しては良い点がもう一つあって、**売るときにほとんど値下がりしないという点です。**

フラッグシップモデルかつ買い手もたくさんいる需要過多のアイテムなので向こう数年は値下がりをすることはないでしょう。

私は中古でこのカメラを買ったので、売るときもおそらく2〜3万円マイナスくらいで手放すことができます。そうなれば実質2〜3万円で数年間最高スペックのカメラを使えるということ。二束三文のカメラを買って、数年後には価値はゼロ、なんていうモノの買い方よりよっぽどいいと思います。

また、先日商談があった会社の社長の話を聞いて、なるほどなと思ったのですが、あのフェラーリなんかもほぼ確実に買ったときと同じ値段で売れるそうです。モデルによっては買った値段より売る値段のほうが高くなることすらあるのだとか。

何台もフェラーリを買い替えている人は、大金をただ使っているように見えますが、

実は資産を「モノ」という形に換え、移し替えているだけなのかもしれません。

同じ考えで私もiPhoneやMacを定期的に売り、少額で最新のモデルに買い替えています。もちろんモノを大切に扱わなければならないというリスクはありますが、そのおかげで少額で一番いいモノを周りに置いておけるというわけです。

もちろんすべての高額商品が良いモノとは限らないので、高いお金を投資するのにふさわしいモノかどうか自分の目を養うことを心がけましょう。

まだまだ先の可能性が残されている若者こそ、**自分の価値を最大限に高めてくれる「モノ」に投資をするべきだと思います。**それはPCでもいいし服でもいいし、車でも住む場所でもなんでもかまいません。自分が誇れる「趣味」を大切にしましょう。明確な「利回り」がいくらかは計算できませんが、お金以外も含めてさまざまなリターンがあるはずです。

「そんなお金はないよ」という声も聞こえてきそうですが、お金がなければまずはいらない支出を削りましょう。けっこうな頻度で行きたくない飲み会などはありませんか？　それを1回断れば数千円は節約できるはずです。蓋を開けてみると意外と形にも心にも残らないことがたくさんあるはず。そういうところは積極的に削りましょう。

そして、それでもお金が足りなかったら、稼ぎましょう。本業を頑張ってもいいし、今の時代なら複業をはじめてみてもいい。努力をして、苦労をして買ったモノには愛が宿ります。その「モノ」を手に入れるためにはどうすればいいか、と考えることが大事なのです。

若者は何も持っていないようで、実は人生において一番重要なモノを持っています。

それは「時間と可能性」。

その二つを最大限活用できる「てこ」のようなモノを見つけられたら、きっと人生はうまくいくはずです。

「モノマリスト」という考え方

ここ数年「ミニマリスト」という言葉が生まれ、各メディアの力であっという間に一般層にまで浸透しました。

その人気と共に概念も広がり、茫洋《ぼうよう》としてきたところで最近では「ファッションミニマリスト」や「人間関係ミニマリスト」など、ジャンルをさらに区切った派生系の細分化されたミニマリストもたくさん目にするようになりました。

私の周りでも数名面白いミニマリストがいて刺激を受けることが多々あります。「明日、引っ越しなんですよ」と言う、私より年下のミニマリストから「荷物は今背負っているこのリュック一つです」という話を聞いたときはびっくりしました。モノに偏愛を傾けている私からは考えられない所有物の少なさです。

別段私は「ミニマリスト」という存在に特別造詣が深いわけではないのですが、彼らを見ていてその生き方、考え方には一部共感するものがあります。

「モノを減らしていく過程で本当に必要なモノだけを見極める」という思想は、私も近しいものを持っています。

持ちモノを「捨てる」「減らす」という行為と天秤にかけることによって、自分自身にそれが本当に必要なモノなのかを常に問いかけることができる。これ自体はモノとの向き合い方として良いメソッドだと思います。

しかし、近年では「モノを減らすこと」自体に注目が集まりすぎてしまい、本来の目的とは少し離れてしまってきている人を見かけることもあります。

「家の中に家具が何もない」「着回す服も3着しかない」というような「少なさ」を競うような動きです。

本人が納得していれば別にそれはそれでいいと思いますが、本当に自分と向き合った結果、そのモノの少なさになったのか、「ミニマリスト」という言葉とイメージに縛られてそうなってしまったのかでは大きな違いがあります。

「ミニマリスト」たるもの、持ちモノは少なければいけない、モノをたくさん持つことは悪だ。そういった考えに陥ってしまっている人も中にはいるのではないでしょうか。

「モノを極力少なくする」という考えは行きすぎてしまうと味気のないものです。最低限のモノがあれば最低限の生活はできますが、それはあくまで「最低限」。**そこからさらに生活を豊かにしようと思えば必然的にモノは増えていくはずです。**

「今日はどんな一日にしようかな」と迷うくらいの服はあっていいと思いますし、一人の時間を楽しくするためのギターや、日々を鮮やかに残すためのカメラがあってもいい。友達を家に招くためのマグカップ、心地良く集中できるデスクとチェア、毎日優しく語りかけられる観葉植物……。

もしかしたら、どれもなくてもいいかもしれませんが、あればそれだけ生活に色がつき豊かになります。

その人にとって「最低限のモノ」と「必要なモノ」は大きく性質が異なります。**無理に持ちモノを減らす必要はありません。**自身が想像する理想の暮らしまでの延長線上に、そのモノがあるかどうかを考えましょう。

私は、自分自身が持っている一つひとつのモノときちんと向き合い、常に愛情を注ぐことができるのならば周りに置くモノの数に制限を設ける必要はないと思います。ただし、その愛情の総量に限界があるのもまた事実。

きちんと自身が管理できるモノの量を見極めながら、取捨選択を常に繰り返し、周りにモノを集めていくのがベストだと思います。

私が身の回りに残しているモノにはすべて「なぜそれを持っているのか」という「理

由」がついてきます。

モノと向き合ったときにその「理由」があやふやで人に説明できないのであれば潔く捨てるか人にあげてしまうようにしています。

「買ったとき高かったな……」と思うモノでも今使う理由がないのであれば勉強代だったと思って、あきらめて手放します。

手紙や記念品など人からもらった思い入れがあるモノでも、それ自体が生活に必要がないのであれば、忘れないように写真だけ撮って、モノ自体は極力残さないようにしています。そのときの気持ちを忘れなければ無理に形を残す必要はありません。

毎年大掃除のたびに「捨てようかな、どうしようかな」と悩んでいるモノがあるのならその時点で、もうそれは捨てたほうがいいと思います。**本当に必要なモノだったら「捨てよう」なんていう考えは出てこないはずですから。**

不必要なモノが周りにあふれていると、愛情を注ぐ対象が不明瞭になり意識が散漫になってしまいます。行きすぎたミニマリストのように減らしすぎてもいけないし、ただ何も考えずにモノに囲まれるだけでもいけない。自分の中で「必要なモノ」の基準を持って、捨てるモノ、残すモノを選びましょう。

このように一つひとつのモノと真剣に向き合い愛情を注ぎながら、こだわりのモノ、ときめくモノを周りに集めていく人たちのことをなんと呼ぶのか私はずっと考えていました。

モノを減らす意味合いの強い「ミニマリスト」とも少し違うし、モノをただ集める「コレクター」とも違う。

自分にとって必要な、厳選されたときめくモノだけを周りに置く人々。私はこの人たちを「ミニマリスト」の一つの派生系で「**モノマリスト**」と呼んでみようかなと思います。**「モノ」を基軸に「生活」を考え、こだわりを持って愛情を注いでいる人。**

「あの人が持っている持ちモノはなんだか魅力あるモノが多いよね」

「あぁ、そりゃそうだよ。彼は〝モノマリスト〟だからね」

こんな会話が将来生まれたら素敵です。

物欲をスマートに

ここまで「モノにはこだわろう」という話を続けてきましたが、私がこの本を通じてみなさんに伝えたいことは「ただ思い切りよく買い物をしよう」とか「自分の物欲に正直になろう」というようなメッセージではありません。

大事なのはモノそのものではなく「なぜそれを選んだのか」という理由。モノを見つめることを通して自分自身を、そして今後の自分の人生を見つめ直す一つのきっかけになればと思い、筆をとっています。

普段みなさんが何かを「買いたい」と思う瞬間はどのようなシーンでしょうか。

テレビCMを見て新しい家電がほしくなった、なんとなく入ったお店で気になる服を見つけた、友達が新しいスマホを買っていたから自分も買い替えたくなった。

だいたいがこのような形で「他者」からの情報を受け、なんとなくモノがほしくなっている状態がほとんどでしょう。

もちろんこれは悪いことではなく、物欲が刺激されるのはいつだって内からではなく外から。しかしその「刺激」と「物欲」を野放しにさせておくのは危険です。

「刺激」を自分なりに解釈し、分類し「物欲」と紐づけるべきものをきちんと制限する必要があります。

日常はコマーシャルだらけです。日々生活をしているだけでさまざまな情報が流れ込み、知らず知らずのうちに自分の中の「欲」だけが高まり、なんとなく買い物がしたいとか、ただただ物欲が高まっていることがありませんか。

情報と刺激をただ受け続けてしまうと、自分の中で本当にほしいモノがなんなのか、ときにわからなくなってしまいます。テレビもSNSも流れてくるのは、「これが流行っているらしい」だとか「これが定番」のような一方的な情報ばかり。

そんな大多数に向けた画一的な情報を自分にとっての「提案」だと勘違いしてしまわないように気をつけなければなりません。

「モノを買う」ということは日常的に行っている簡単な行為だと思われるかもしれませんが、実際突き詰めてみると買い物は非常に奥の深い営みです。

「なんのためにそれを買うのか」「買ったあとそれをどうするのか」「ほかのモノと比べて何が優れているのか」「価格は高いのか安いのか」「今それを買う必要があるのか」「誰のためにそれを使うのか」「そもそもなぜほしいと思っているのか」、少し考えただけでも無尽蔵に問いが生まれます。

少し面倒かもしれませんが、今持っているモノ、これから買おうとしているモノについて「なぜそれを買ったのか／買うのか」ということを考えてみてもらいたいです。理由が説明できれば、私はそれでいいと思います。

「長く付き合っていけそうだから」「シンプルなデザインで自宅の家具とも合いそうだから」、モノそれ自体の良し悪しは人によって異なるので「なぜ自分がこれをほしいと思ったのか」という理由を明確にし、覚えておきましょう。それが後々の買い物の判断基準になります。

もちろん「直感でほしいと思ったから」というのも理由の一つにはなると思いますが、最初から直感に頼ることはおすすめしません。

「直感」とは経験の積み重ねです。直感の精度を上げていくためにもきちんとモノ選びを考えて、自分が思う「良いモノ」の定義を確立していきましょう。

基準が明確であれば瞬間的に判断ができるようになる。それこそが「直感」なのだと私は思います。

普段から少しずつでいいので「自分には今何が必要で、何が必要でないのか」ということを考えるようにしましょう。

誰しも資金は有限なのですから、無駄なことには極力投資をしなければその分必要なモノに資金を回すことができます。何かを「買わない」ということは何かを「買う」ということ以上に大切なのです。

物欲をコントロールし研ぎ澄まし必要なモノを見極めれば、必要でないモノもわかります。みなさんが自分の中での判断基準を持つための手がかりを、この本の中で見つけてもらえれば幸いです。

chapter

2

思考と暮らしを
洗練するモノ

モノを通して無駄を圧縮し日々の生活を少しだけ効率的に、
気持ちよく過ごせる方法をお伝えします。
モノマリストになることで、あらゆる場面において、
無駄がなくなり、迷いがなくなります。

「普段使い」にこそ一張羅を

「一張羅」という言葉があります。

「替えがきかないモノ」「手持ちの中で一番良い衣服」「たった一枚しかない晴れ着」という意味の言葉ですが、周りでの使われ方を見ていると「余所《よそ》行きの服」「重要な場面でしか着ない服」という意味で使われていることも多いかと思います。

「高いモノだから大事に使おう」という気持ちはわかるのですが、この言葉の裏には転じて「普段着や普段使いのモノはあまり気を遣わなくてもいい」という考えもあるのではないでしょうか。

「毎日使うと、すぐダメになるから普段使いのモノは安いモノでいい」。この考えには私は真っ向から反対したいと思います。**むしろ、普段使いこそ「一張羅」を揃えるべきだというのが私の持論。**服に限らず日常で触れるモノ、身につけるモノすべてにおいてこの考えは同様です。

人生において「一世一代の大勝負」のような一生を左右する出来事というものは、いきなり起こるわけではありません。受験も就活も大事なプロジェクトのプレゼンも、すべては日々の積み重ねの結果。大事なのはその一日ではなくて、そこに至るまでの数十日、数百日です。

ですから投資をするなら「一日のためのモノ」ではなく「毎日のモノ」にお金を使うべきだと私は思います。

毎日四六時中、仕事で使っているPCやスマートフォンはあなたの満足のいくモノでしょうか。

毎朝胸を張って玄関を出られるスーツを着ていますか。

常に横にある鞄は愛せるモノでしょうか。

あなたが今履いているその靴で歩く足取りは軽いですか。

こういった「日常のモノ」たちは日々の生活を支える大事なパートナーです。一時の冠婚葬祭やイベント事にお金を使ってしまう気持ちはわかりますが、それと同じくらい、いやそれ以上のこだわりを普段使っているモノたちにも向けてください。

毎日使うモノだからこそ、日々の糧になるモノだからこそ良いモノを使う。それが私のこだわりです。

自分が心から満足して、惚れ込んでいる「ときめくモノ」を毎日の中に置いておけば、平坦でモノクロな毎日に起伏と彩りが生まれます。

「今日はお気に入りのシャツを着ているから、帰りにあの行ってみたかったお店に寄ってみようかな」「このキーボードの叩き心地が好きだから、もっと文章を書いていたい」「豊かな音色のスピーカーで映画を見たいから、今日は早く家に帰ろう」と「ときめくモノ」には人生を好転させる引力が備わっているのです。

乗り越えなければいけない波が多い日々の中、自身に合ったモノたちはオールとなり、帆となり、時に灯台となり人生を導いてくれます。人生において「本番」は「一日」ではなく「毎日」です。

コンスタントにパフォーマンスとモチベーションを上げるため、普段使いのモノにこそ「一張羅」とも言える本番用の逸品を揃えてほしいです。

視覚のノイズを減らす

私の部屋は決してモノが少ないというわけではないのですが、いえ、むしろ多いほうだと思うのですが、家に人を呼ぶと「めちゃめちゃ片づいているね」とか「あれ、思ったより全然モノないじゃん」ということをよく言われます。

モノは多いのになんでそんなことを言われるかというと、単純に隠しているから。

持ちモノはすべてFellowes（フェローズ）という会社が販売している、白を基調としたシンプルなダンボールのバンカーズボックスに入れるようにしています（»156ページ）。

素材はダンボールですが、上から乗せる蓋もセットでついているので出し入れは楽々。左右に取っ手もついているので引っ越しする際もそのまま運べて便利。インテリアとしても使える実用性の高い収納グッズです。

基本的に、入るモノはすべてバンカーズボックスの中なので部屋を見渡して視界に入るものはボックスのほかには50インチのモニターとギターとスピーカー、ブルーレイレコーダーくらいでしょうか。家の中心にある全長2メートルを超える手作り作業机の上にも極力何も置かないようにしています。あるのは「何もないスペース」だけ。

なぜ私がここまで徹底的にモノを隠しているかというと、昔から自分のポリシーというか、感覚的に**「目に入るモノは極力少なくする」ということを意識しているためです。**

あとにも書きますが、一つの物事に集中をする際には「ノイズ」を極力少なくすることが大切です。

「ノイズキャンセリング」というと音のノイズを遮断することを指すように「耳のノイズ」にはみなさん敏感ですが、**意外と気がついていないのが目。「視覚のノイズ」です。**

人間の目は非常に優れた感覚器官。『人は見た目が9割』という本がベストセラーになるくらい、人間の感性の大部分が視覚に左右されています。

ですから私は極力自宅のインテリアはシンプルにし、テーブルの上は植物以外を置かず、服も雑貨も目に見えないように箱の中にしまっています。

家族団らんのリビングなどでしたら多少飾りつけをしていいかと思いますが、私の場合、一人暮らしかつ半分仕事場のような形になっているので徹底してこのルールは守っています。

よくある予備校や図書館の個人ブースのようなものをイメージしてもらえるとわかりやすいと思いますが、あれも「視覚」を遮断しているからこそ集中ができるはずです。それと近しいことを自宅で実践しているわけです。あの右も左も目の前も何もない空間から比べたらあなたの家はどうでしょうか。たくさんの「ノイズ」にあふれていないでしょうか。

続・視覚のノイズを減らす

「視覚のノイズ」は現実世界だけに限った話ではありません。いつも他人を見ていて

「どうして片づけないんだろう」と思うのは「PCのデスクトップ画面」と「ブラウザのタブ」。デスクトップにファイルを置きまくって背景画像がなんなのか判別できないという状況になっている人を何人もこれまで見かけてきました。

そして完全に個人的な私見になってしまいますが、そういう人は総じて仕事のパフォーマンスが悪い気がしています。

乱雑なファイル管理では必要なファイルを探し当てるまでに時間がかかりますし、さらにはファイルを紛失する危険性すらあります。

乱雑なデスクトップ環境は「データの管理ができていない」というゆるぎない事実のあらわれです。**形がないデータというモノは実世界のモノよりも「整理して置いておく」ということがはるかに重要になります。**どこにでも置けてしまう分、「どこに置くか」ということが非常に大切なのです。

これを自分の頭の中で、そして現代人が一番触れる仕事道具としてのPCの中できちんと統合的に、体系的に整理できているかでその人の仕事のていねいさが測れます。

いつかこのファイルを使うだろう、そのうちこのページを参考にするだろうという気持ちはわかります。ですが、それは使うときに開けばいいのです。常に目に入るデスクトップに置いておいたり、タブの中の一つとして開いておく必要はないのです。

目に入るところに置いておくと「あれをやらなきゃ、これもやらなきゃ」とその件名がついたファイルを見るたびに意識が持っていかれてしまいます。

もちろんやらなければいけないのはその通りですが、今それを気にしなくても大丈夫。目の前のタスクを片づけたあとでじっくり取り組みましょう。

孫子の兵法の中にも「十をもって一を攻める」という至言があります。複数の敵に力を分散させるよりも一点に集め、最大の力で各個撃破していったほうが効率がいいという意味です。

並列的にあれこれ考えながら取り組むよりも、コツコツと淡々と一つひとつ片づけていくのが何よりもの近道。

でも、見えるところに置いておかないと忘れてしまいそう、という方。もちろんその気持ちもよくわかります。そういう場合の対処は簡単で、「やることボックス」を一つ作って置いておくだけでいいのです。

デスクトップの場合は一つだけフォルダを作って、その中にデスクトップにあるファイルをすべて一気に放り込みます。どうですか、目の前がパッと開けませんか？　あとはその中から今使うべきものを選んで取り出して、デスクトップの上に並べましょう。

デスクトップは料理で言う「まな板」に近い存在です。そのとき使うものだけ並べて、調理が終わったら食材は鍋に入れるなりタッパーに入れるなりして、まな板の上はサッときれいに片づけてから元の場所にしまいますよね。

それと同じでデスクトップも常にきれいにしておきましょう。必要なモノを取り出して、調理して、片づける。この仕組みを作るだけで作業効率は飛躍的にアップするはずです。

ブラウザのタブに至っては開いているだけでPCのメモリを圧迫するのでデスクトップ以上に気を遣う必要があります。たまにタブを同時に20も30も開いている人がいますが、私からすると信じられません。

PC自体のパフォーマンスも下がるし、画面の上部の場所をとるので作業自体の効率も下がります。ブラウザは基本的に何かを調べたり、じっくり見たりするときに使うもの。「見る」という行為が中心のブラウザの中で視覚のノイズは致命的です。

私は常にPCのことと自分自身への影響を考えて、同時に開くタブは平均的に5つ、多くても7つ以内に留めています。もちろん調べ物をしていて瞬間的に増えることはありますが、通常はこのあいだで運用するよう心がけています。

よく使うタブに関してはブックマークバーに登録しておきいつでもワンタップで開けるように、あとで参考にしたいページは「Pocket」というwebサービスを使い保存しておくようにしています。

どこかにしまっておいて忘れたら困るからタブに開き続けているという方もいますが、タブはあくまで一時的なもの。

間違ってブラウザを閉じてしまったり、PCの電源が切れてしまったらあとから記憶を頼りに同じページにたどり着くことは困難。ということであれば、一度保存をしておき、「やらなければいけない」というタスクをTODOリストに書いて残しておきましょう。

タブに開いたページは料理で言う「食材」。いつまでもまな板の上に出しっぱなしにしていたら腐ってしまいます。賞味期限を確認しながらきちんと「冷蔵庫（クラウドのサーバー）」にしまっておきましょう。

可能な限りクラウドへ

先ほど「冷蔵庫（クラウドのサーバー）」と書きましたが、ここではその意味を説明していきます。

デスクトップが食材を調理するための「まな板」だとしたら、私が毎日持ち運ぶMacBook（→130ページ）は「クーラーボックス」だと思っています。あくまでMacBookは持ち運ぶためのモノ。ファイルなどのデータを、なんでもかんでも詰め込んで保存しておくためのモノではありません。

ですから私は極力Macbookの中身も最小限のモノしか持ち運ばないようにしています。MacBookの中身というのは保存されているデータのこと。これも普段の持ちモノと同様できるだけ容量をとらないよう、コンパクトにまとめるように常に心がけていますす。

持ちモノと違って目に見えないモノだから、整理が難しいのではないかと思われるかもしれませんが、先ほどの「デスクトップはまな板」理論がしっかり身についていればデータの整理はそれほど難しいものではありません。

まな板の上に食材を並べ調理が終われば、また最後にまな板の上を片づけるときがやってきます。その際にできあがった料理（ファイル）は決められた場所に保管をしておき、もう必要のないデータはゴミ箱へ片づければいい、たったそれだけのことです。**空のデスクトップを介すことによりデータの取捨選択が自動的に行われるのです。**

そして保管しておくデータは「必ずクラウド上に同期する」ということを徹底しています。一度クラウド上にアップロードをしておけばiPhoneやiPadなど複数の端末でファイルを共有できるので場面に応じてフレキシブルに対応することが可能になりますし、端末を新しいモノに買い替えた際にもスムーズに移行することができます。

クラウド上にアップロードされたファイルはリンク一つで外部へ送ることができるので他人との共有も容易。また紛失・破損しやすいローカル（自分のPCなど）のストレージにデータを置いておくことはリスクが高いので、セキュリティの観点からも有用性が高いと言えるでしょう。ですので私は、端末に保管されているほぼすべてのデータをクラウド上に同期されるような設定で機器を運用しています。

そして、私のクラウド活用は主に二段階にわかれます。**「ローカル同期型のクラウド保管」と「完全クラウド保管」の二つです。**

一つ目の「ローカル同期型のクラウド保管」というのはDropboxやiCloud、Google Driveといったような「ローカルにファイルを置きつつ、クラウドにも同じファイルが同期、共有されている」という状況です。

これの利点は「ファイルへアクセスしやすい」というシンプルなもので、PCの中にファイルが保存されているため即座にファイルを開くことができます。

営業用の資料やよく開くExcelファイルなどはこの形式で保存するようにしています。普通のファイルと同じように扱うことができるうえに、同じファイルが常にほかの端末や他者とも同期されている非常に便利なクラウドの使い方です。

以前はDropboxをメインに使っていましたが最近は月額の値段の安さと他サービス

との連携を重視してGoogle Driveをメインに使っています。

「ローカル同期型のクラウド保管」は重宝するデータの扱い方なのですが、一つだけ難点があるとすれば「ローカルの容量を圧迫してしまう」という点でしょう。

クラウド同期はしつつもファイル自体は端末の中に保存されているので無尽蔵に保管できるというわけではありません。

そこで私は「ローカル同期型のクラウド保管」とあわせて「完全クラウド保管」型のデータ保管も併用しています。これはその名の通りでローカルにはデータを置かず、クラウドにのみデータを保管するという使い方です。こちらは一度アップロードさえしてしまえば端末の中のデータを消してしまえるのでクラウド上にあげた分だけローカルの容量を節約できます。

私が「完全クラウド保管」に使っているのはGoogleフォトとAmazon Driveの二つ。Googleフォトは自動でiPhoneのカメラロールから写真のバックアップをとってくれるのでクラウド上に保管されているのを確認したら定期的に端末の中の写真をすべて削除しています。

Googleフォトは「完全クラウド保管」型にもかかわらずアプリもサクサクと動いて写真を素早く表示してくれるので電波さえ通じる場所であればローカルのカメラロールとほぼ変わらない使い勝手。Amazon Driveはファイルにかかわらずデータを少額で保存できるので容量を気にせずとにかくなんでも突っ込めてしまうのが魅力です。

使用頻度の高い資料などは「ローカル同期型」で保存をしておいて、1カ月以上使っていないようなファイルに関しては「完全クラウド保管」に変更してローカルの容量を空けるというのが私のデータ運用方法。

ローカルの容量を削減すればそれだけ端末の動作はスムーズになり仕事の効率も上がります。

持ち運ぶMacBookはすぐ使う必要最小限の食材を入れる「クーラーボックス」として、クラウドのサーバーは食材を長く保存しておく「冷蔵庫」として使いわける。**持ち運ぶ〝モノ〟は目に見えるモノだけとは限りません。**

耳に添える集中空間

私には自分の集中力を高めるトリガー、わかりやすく言えば「やる気スイッチ」があります。

それはヘッドホンを耳に当て、音楽を聴くということ。

外部の音を遮断し、いつも聴いているお気に入りの音楽をエンドレスに流すことによって普段聴覚へ割いている意識を、考えることやキーボードを打つことに注ぐことができます。

これも最初から音楽を聴けば集中できた、というわけではなくて何度も繰り返しこのスタイルで文章を書くうちに自然と体が慣れ、音楽を聴くだけで集中ができるようになったという経緯があります。

自分自身を意図的に「パブロフの犬」状態にしているわけです。音楽を聴いているから集中ができるのか、集中するときに音楽を聴いていたのか、鶏と卵のような関係でどちらが先なのかはわかりませんが、今では音楽が「トリガー」となって意識の質を一定に保つことができるようになりました。

大事なのは音楽そのものではなくて「**外部の音を遮断する**」というところにあるので、スピーカーで空間に音楽を振りまくのではなく、イヤホンやヘッドホンを耳にはめて集中状態に入っています。

カフェで音楽が流れていても私は必ず耳にイヤホンをはめて作業をします。音楽は一定でも、そこに訪れるお客さん同士の会話にどうしても意識が持っていかれてしまいますから。

たまに本当に聞き入ってしまうくらい面白い話をされている方がいませんか。その語りに聞き耳を立ててしまっては、集中するためにカフェに入ったはずなのに本末転倒です。心地良い音楽を聴くことよりも誰にも邪魔をされない「空間」を作ることが重要なのです。

私はイヤホンに関してはこれまでたくさんの製品を試しているのですが、ヘッドホンを試す機会はあまり多くありませんでした。その理由は単純でイヤホンのほうが小さくて持ち運べるし便利だと思っていたから。

しかしここ最近、ヘッドホンもありだなという明確な心境の変化がありました。そのきっかけは99 CLASSICS Walnut Goldというヴィンテージウォルナットを使用した有線接続のヘッドホンを「monograph」への製品紹介の依頼で試した際。

イヤホンではなくこのヘッドホンを「被った」瞬間、私の頭の中で「カチッ」という音がしました。集中のトリガーを引く音が。

巨大ロボットのパイロットが搭乗時に専用のスーツを着るように、受験生が勉強前に鉢巻を締めるように、ラグビー選手が試合前にマウスピースをはめるように、何かをはじめる際、きっかけとなる「モノ」が存在します。

ヘッドホンにはそれと同じ感覚があって、頭に被った瞬間、音楽とともにより深い集中へと導いてくれます。適度な重さと装着感がイヤホンよりも自分をより「型」にはめてくれるような気がするんです。何事もまずはカタチから。

ヘッドホンだったらなんでもいいわけではなく、99 CLASSICS Walnut Goldは筐体の質感から音質に関しても極上の逸品。海外のアワードでも軒並み金賞を獲得している折り紙つきのヘッドホンです。

デザインだけ、音質だけ優れているヘッドホンは星の数ほどありますが、それを高い次元で両立しているヘッドホンにはなかなか出会うことができないので、今回貴重な出会いを得ることができました。

音の広がりはイヤホンのそれとは比較になりませんし、そのうえで音の粒も立っている。全音域バランスがとれているという感じで高音の伸びが良く低音は上品。アコースティックな音色に相性の良いヘッドホンだと思います。変に音色をつけずナチュラルな音が聞こえてくるアイテム。

専用のケースはついていますが、さすがに毎日持ち運ぶ代物でもないので私の場合はヘッドホンは自宅用と割り切ってMacBookに直接接続して音楽を楽しんでいます。外出先ならある程度人の目があるのでイヤホンでも十分集中して仕事をすることができますが、**家の中は誘惑が多く人の目もないので外以上に集中するのが難しい場所。そのた**

めのより強い「トリガー」としてヘッドホンを頭に被ります。

決して依存をするわけではなく一つのきっかけとして、自分の中の「あれをやらなきゃ」「これをやりたい」という思いの背中を押してくれる相棒のようなアイテムを日常の中に探してみてください。

香りを一滴、持ち運ぶ

「集中したい」「リフレッシュしたい」という思いは心の内側から出てくるものですが、それを実現するには自分ではなく外部の環境を変えるのが一番ラクです。

「リフレッシュしたい」と念じるだけで、それができてしまうのであれば苦労はありません。人間そんなに完全にはできていないので、モノやヒト、コト、何かの力を借りなければうまくやっていけないのです。

私の場合はやはりいろいろな「モノ」に支えられて日常を楽しく過ごせています。特に自身のモチベーション管理をする場合は視覚や聴覚の話でしたように人間の五感について焦点を当てて考えるようにしています。

見るモノ、聴くモノ、触るモノすべてが自分の想定したモノに囲まれていれば、必然的に自分の意志を体現できる状態へ持っていけるというわけです。

私は夜寝る前にエッセイのような軽く読める本を一冊手に取り、一節を読み終えてから眠りにつくようにしています。このルーティーンが実に心地良く、寝る前のひとときが一日の中のハイライトと言ってもいいくらい楽しい時間です。

基本的には一冊読み終わったら新しい本を買ってベッドサイドに置いているのですが、定期的に読み返しているのが『いつもの毎日。衣食住と仕事』というエッセイ集。松浦弥太郎さんの衣食住など生活に関する考えがモノ中心に短く語られている本で、私の愛読書と言ってもいい一冊です。私のモノへの考え方は松浦弥太郎さんの著書に多大な影響を受けています。

その本から受けた影響の一つに、「アロマオイル」があります。その中で語られていたのはリフレッシュをするため、体調を整えるため、モチベーションを上げるためにアロマオイルを使っているという話でした。

たしかにこれまであまり深くは考えてきませんでしたが、「匂い」というのは自分の周りを囲む空気そのもの。目には見えませんが視覚や聴覚と同じくらいには気を遣わなければいけない要素だと、その一節を読んでハッとしました。


本の中ですすめられていたのは、イムネオールという名前のオイル（›››144ページ）。気持ちを落ち着かせ、リラックス効果があり、さらには頭痛や肩こり、風邪予防にも使える万能薬という魔法の薬のような魅力的な文句で紹介されていました。本当にそんな効果あるの？　と逆に疑ってしまうほどでしたが、そこは著者への圧倒的な信頼があるのでそれほど迷いなく注文をしました。

イムネオールは手のひらサイズの小瓶に詰まっています。蓋を開けると中から濃厚なのに爽やかな香りがフッと抜けてきて、この小さな瓶の中に凝縮されたエキスが詰まっていることが感覚でわかりました。

容量は少ないですが、毎回使う量は一滴程度とごく少量なので、ちびちびと使っていけば1〜2カ月ほどは持ちます。

使い方はさまざまで手首に一滴垂らしたり、首元に擦り込んだりおのおの自由に。自然由来の素材のみを使って作られているので、一滴舐めて口から摂取する人もいるのだとか。喉の調子を高める「ユーカリ」、呼吸を楽にする「ローズマリー」、筋肉の緊張をほぐす「ラバンジン」、免疫力を高める「ティーツリー」と効能あるさまざまなエキスがブレンドされています。

匂いを嗅ぐとスッとしたハッカのような香りが鼻孔から脳天までダイレクトに届き、リフレッシュでき気持ちが落ち着く感覚があります。

とは言っても、おそらく半分はプラシーボ効果だとも思いますが、むしろその「思い込み」の部分が私は大切だと考えます。

「思い込ませる」ことさえできていれば当初の目的の「リフレッシュをしたい」「集中したい」という目的はほぼ達成しているわけですから。きっかけはなんでもいいんです。気持ちを動かすことが大事。

『いつもの毎日。』に記されている内容に則って、私もこのイムネオールを一滴ハンカチに落として持ち歩くようにしています。

落とした部分を内側に折り込んでおけば一日匂いが持続するので、仕事のちょっとした合間に鼻に当てスッと香りを吸い込んでいます。

思った以上に「匂い」というものは強力なトリガーとなります。視覚や聴覚以上に直感的というか、直接的に気持ちが変わるような感覚があります。


本でもwebでも媒体は問わないので、先人の知恵を借りるというのはとても効率の良いモノの選び方だと思います。特に「この人みたいになりたい」というロールモデルがあるといいでしょう。**まずはカタチからその人のことを真似てみてはいかがでしょうか。**モノの選び方はその人の考え方そのものにつながるので、いつしか内面もあこがれの人に近づけるかもしれません。

iPhoneを毎年買い替える理由

私は２００９年に発売されたiPhone 3GSの頃から毎年iPhoneを使っているので、付き合いは今年で九年になります。

日本ではじめてiPhoneが発売されたのが十年前の２００８年なのでiPhoneが生まれてから9割の時間を、そして私が今年で27歳になるので人生の3分の1の時間を共に過ごしている計算です。

もはやここまで長い時間一緒にいるとiPhoneに対する新鮮な驚きや期待はなく、もう空気のような存在。そして今では空気と同じくらい、生活になくてはならない存在です。

数年前、iPhone４ｓくらいまでの時期はiPhoneというモノ自体が世間ではまだ珍しく、持ちモノとしても情報としても一定の希少性があるように思えましたが、今では

iPhoneは日本人のスマホ利用者の約7割の人が持っている大人気製品。私だけでなく世界中の人々が持っていて当たり前のモノになりました。

決して珍しい存在ではなくなったiPhone。それでも私は毎年新しいiPhoneに興味をひかれ、毎年必ず最新機種を購入します。

日本は携帯キャリアの2年縛りの関係から「買い替えるのは2〜3年に一度」という人が多いのですが、私は必ず強い意志を持って毎年iPhoneを買い替えることにしています。なぜ私が毎年iPhoneを最新式のモデルに替えるのか、その七つの理由をお話ししたいと思います。

一つ目の理由はiPhoneは「毎日使うモノ」だから。

実際に計測しているわけではありませんが、私はiPhone 3GSを手に入れてからほぼ100%に近い割合で毎日使っています。9年弱のあいだ、3000日以上、毎日です。

これは私に限った話ではなく、iPhoneを手に入れた人はそこから毎日、必ず一日に一度は触れているはずです。よく考えてみればこんなに人の生活に根ざした共通のモノはほかにありません。

日本人の大多数が毎日、そして一日の多くの時間をiPhoneの画面を見ながら過ごしているわけです。スティーブ・ジョブズは人の生活の在り方を変える、とてつもないプロダクトを生み出してくれました。

このように毎日長い時間一緒に向き合うモノだからこそ、私はまずここに最優先にコストをかけるべきだと思います。洋服も鞄も本も毎日ずっと同じモノを使い続けません。しかしiPhoneは毎日同じ一つのモノを使います。ならば使用頻度の低いほかのモノにコストを分散させるよりも頻度の高いiPhoneにコストを投下したほうがいいのではないでしょうか。

使う頻度が高く、接する時間が長ければ少しのレスポンスの速さの差が年間で見れば大きな差になります。毎日使うモノだからこそ、できるだけストレスなく気持ち良く使いたいのです。

二つ目の理由は、iPhoneは「仕事道具」だから。

iPhoneは、人によっては仕事の必需品であることも多々あると思います(➡146ページ)。

取引先と会話をするための「電話」として、LINEやFacebookメッセンジャー、メールなどの「連絡手段」として、アポへ行く際の「地図」や「乗換案内」として、情報を調べるための「ブラウザ」として、タスクを忘れないための「メモ」として、さまざまな機能がiPhone一台に凝縮されているので、一台あればたいていの仕事がこなせてしまうでしょう。

逆も然りでiPhoneがなかったら仕事が成り立たないという人が存在するのも頷けます。それくらい生活にも仕事にも根ざしたモノになっています。

iPhoneを個人的な趣味としてではなく「仕事道具」として考えてみれば、毎年最新のモノに買い替える意味も少しは理解してもらえるでしょう。

仕事道具として使うならバッテリー切れは死活問題なので省電力なほうがいいですし、処理速度が速いに越したことはありません。

もしあなたが、仕事にiPhoneを使っているのであれば投資する価値は十二分にあるはずです。

三つ目の理由は「中身が進化していく」から。

ほかのモノと違い、定期的にiPhoneを買い替えなくてはならない最大の理由はここにあります。

iPhoneというのは単に端末そのものを示す言葉ではありません。iOSというAppleがiPhoneのために開発したシステムと、無数に存在する専用のアプリケーションが組み合わさって生まれる一つのモノ。

Androidとの違いはこの点にあり、iPhoneの場合は外見も中身も一つの意志に則って設計されているので細部までどこを見ても齟齬《そご》がないのです。

そしてAndroidのように多種多様な筐体が存在するわけでもないのでアプリ開発もしやすく、シェアも大きいのでアプリのラインナップが充実しています。

「デバイス」「OS」「アプリのプラットフォーム」というスマホにおける重要な三つの要素をすべて押さえているあたり、ジョブズは本当に素晴らしいビジネスセンスの持ち主であったと思わざるを得ません。

そしてiPhoneを構成するこの三要素のうち「OS」と「アプリ」は筐体を買い替えなくても常に勝手に進化していきます。

「iOS」は一年に一回メジャーアップデートがあり、アプリも最新のiPhoneに合わせ、より高いスペックを要求してきます。そうするとデバイスが古いままだと徐々に動きがもたつきはじめ、そのうち満足に使えないアプリも出てくるのです。

「できるだけ長く使える良いモノを持つ」というのが私のモノに対する考え方の一つではありますが、それが通じないのがiPhoneという存在。こればっかりは定期的に買い替えなくてはならない必然性があります。

四つ目は「実はそこまでコストもかからない」から。

最新のiPhoneは定価で買えば8〜10万円前後と決して安い代物ではありません。ですので、毎年必ずiPhoneを買い替えるという話を友人にすると「よくそんなにお金があるね」と言われるのですが、実際のところ私の場合はそこまで買い替えに関するコストはかかっていません。

理由は単純で、**毎年買い替えるたびに前年のiPhoneを売っているから。**日本人の多くの人が持っているiPhoneですから一つ前のモデルでもかなりの需要があります。

特に新しいiPhoneは値崩れをせず、きれいに使って箱や備品を残しておけば定価の

7割くらいの価格で売ることが可能です。そうなれば差額の2〜3万円で毎年新しいiPhoneを使い続けることができるため、実質はそこまでコストをかけているわけではないのです。

これを2年周期での買い替えにしてしまうと、前モデルの買い取り金額がグッと下がってしまうので、結果的には2年で買い替えても毎年買い替えても実質コストはそこまで変わりません。1年間iPhoneをきれいな状態で守り通さねばならないというリスクはあるものの、運用方法としては試す価値が十二分にあるはずです。

五つ目は「発売が1年に一回」だから。

これも非常にAppleはうまいな、と常々感じるのですがiPhoneは必ず1年に一回、そしてほぼ同じ時期に新作が発表されます。毎年必ずモデルチェンジをするガジェットというのは決して多くなく、だいたいが数年に一度、不定期にアップデートが行われます。そうなるとユーザーとしても次のモデルがいつ出るか予想しづらく、買うのを躊躇してしまうことも。

その点、iPhoneは毎年発売されるので「次のiPhoneはどうなる?」という事前の噂も立ちますし、その情報を基に購入の検討、予算の用意ができます。

発売前に予約が殺到することからわかるように、iPhoneを購入する人のうち一定数はiPhoneが発売される前に購入を決めているのです。もちろん私もその一人ですが、これは本当にすごいことだと思います。まだ触ってもいないし見てもいない製品を何カ月も前から買うことを決めているんですから。

これは毎年ユーザーの期待に応え続けてきたAppleだからこその「信頼」のなせる業でしょう。この十年間毎年、前作を超えるクオリティのアウトプットを必ず出す。この実績があるからこそ私たちも毎年安心して最新のiPhoneを手に取れるのです。

六つ目の理由は「未来を見てみたい」から。

iPhoneは本当に便利なモノで、iPhoneを起点に人生が変わったという人も決して少なくはないでしょう。私もiPhoneがなかったら今こうして「monograph」を運営していることもなかったでしょうし、仕事も住む場所もまったく異なっていたと思います。

私自身が実際そうなので、iPhoneには人の人生を変える力があると断言できます。

そしてiPhoneは多くのシェアを持っているため、個人だけでなく社会全体に及ぼす影響も非常に大きいです。

iPhoneがApple Payを開始してから飲食店やコンビニでの電子決済の普及率は極端に増え、改札でパスケースを出す人の姿はわかりやすく減っています。

Apple Payが日本に来てから、まだ1年ほどとは思えないほどのスピードで浸透していて、今まで「おサイフケータイ」が崩せなかった〝電子決済普及への壁〟をいともたやすく破壊していっているのです。

一般的な買い替え周期が2～3年ということを考えると今年、来年以降に大多数のiPhoneユーザーがApple Pay対応のiPhoneを持つことになり、いよいよ電子決済主流の世の中がやってくるはずです。

このように新しいiPhoneが搭載する「機能」には「新しい未来を創る」可能性が秘められています。その「未来」をいち早く体験したいと思うのであれば、最新のiPhoneを手に入れたいと思うのは当然でしょう。ただでさえ私は世間のトレンドに敏感でなければならない仕事をしているので、そのトレンドを予想し、人より少しだけ先の「未来」を見るために新しいiPhoneを買うのです。

そして最後の理由は「ワクワクさせてくれる」から。

ここまで長文でさまざまな理由を連ねてしまいましたが、最後に総じて毎年買い替える理由を一つにまとめるとするなら、新しいiPhoneは私を「ワクワクさせてくれるから」。

明確な理由ではありませんが、こういう不明瞭な感情が一番根本的で強い。この「ワクワク」がなくなるまでは、ずっとiPhoneについていくつもりです。

同じように毎年新しいiPhoneを見て「ワクワク」している方は、悩まずその気持ちを信じて手に取ってしまっていいと思います。

基盤を揃える

目立たないけれど毎日使う、毎日触れる、生活の基盤と言えるようなモノがあります。

シャワーを浴びたあと体を包む柔らかなタオル、ファッションのベースとなる身幅にピッタリのシャツ、一日のはじまりと共に足を通す靴下。

どれもがその日の主役になり得るようなアイテムではありませんが、こういう裏方のようなモノがあるからこそ主役が映える。

このような生活を支える「裏方」のようなモノに関しては、**私は一つ良いモノを見つけたらすべてを同じモノに統一するようにしています。**

私は昔から細身で市販のシャツでは合うサイズがなかなか見つからず、シャツを買ってもどうにも心から好きになれずにたびたび新しいシャツを買い直すことを短いスパンで繰り返していました。

このループから抜け出せたのは数年前に出会ったメゾン キツネのオックスフォードシャツのおかげ〔162ページ〕。

細身の私にもぴったりと寄り添うタイトなデザイン、長すぎず短すぎずの袖丈、フォーマルにもカジュアルにも使える万能さ、胸元に入った小さく可愛い狐の刺繍。

このシャツに出会ったときに電流が走り、これこそが自分が探し求めていた一枚だ、ということを感覚で確信しました。長年自分に合うシャツを探し求めていたので自分の中でも理想型のシャツがどういうものかほぼ固まっていたんだと思います。その理想形がメゾン キツネのシャツでした。

一着約3万円と決して安いシャツではありませんが、またいくつもシャツを買って捨ててを繰り返すよりはいいだろうと思い、その場で色違いの同じ形のシャツを三枚購入しました。

ボタンダウンのかっちりした襟元が上品さを演出してくれるので、上に一枚羽織るだけでそれとなく清潔で洗練された印象を与えてくれる一枚。生地が厚くシワにもなりにくいので普段使いに重宝しています。

毎日家で使うタオルも同じメーカーの同じモノで統一しています。今使っているのはsarasa designというメーカーのb2c towelシリーズ。タオルを織りあげてから洗浄し、綿に含まれた油分や糸くずを徹底的に削ぎ落とすという「後晒し」という特殊な加工で作られるタオルです。

綿本来の手ざわりと吸水性を引き出すことができ、すでに何度も洗われているため水洗いしても型くずれが一切ないというこだわりの詰まったタオル。このタオルには「ロングヘム」と呼ばれる長い折り返しと正方形のネームタグがついていてひと目で同じシリーズのタオルだということがわかります。

同じサイズに畳んで積みあげて置いたときの統一感には、なんとも言えない気持ち良さがあります。タオルは毎日使うモノなので洗濯の目安にもなります。夜寝る前に残りの枚数を確認し、三枚を切っていたら洗濯機を回してから床につくようにしています。

同様に毎日身につけるパンツや靴下も同じ製品に揃えました。パンツは「メリノウール」という吸湿性と通気性に優れた素材を使ったicebreakerのボクサーパンツ。とろけるような肌触りで薄手でつけた感覚が一切ないので一度はいてしまうと病みつきになる快適さがあります。

靴下は行きつけのセレクトショップで展開している「UNIVERSAL PRODUCTS」というブランドの綿の靴下を白・黒・紺の3色を三足ずつ履き回しています。シンプルなのでどんなファッションにも合いやすく生地も厚いのでクッション性も抜群。

これらのモノが統一されていると、朝シャワーを浴びたあと「どのパンツをはこうかな」と悩む時間を短縮できるのがいいです。その分の時間を見える部分のコーディネートに回すことができます。

こういった基盤のようなアイテムを同じモノで揃えると二つのいいことがあります。

一つは「**一つのモノあたりの摩耗が少ない**」ということ。

お気に入りのアイテムでもそればかり使ってしまっては寿命も短くなってしまいますが、まったく同じモノを複数使うようにすれば、一つ使うあいだにもう一つを休ませる、という付き合い方ができるので寿命は数倍長くなります。

そしてもう一つのいいことは「**ダメになってもまた買い足せる**」ということ。私が選んでいる基盤のモノたちはどれも毎年メーカーが作るスタンダードな製品が多いので、基本的には〝いつも〟手に入るモノばかりです。

ですから、複数のうちの一つがダメになっても新しく買い足して補充ができる。「一点モノ」もいいですが、基盤のモノに関しては安定感がほしいので、ベーシックでいつでも手に入るモノを選ぶようにしています。

根がしっかりしていれば枝葉も伸びるのも速いように、見えないところにどれだけしっかりとした基盤を作れるかで見える部分のできも変わってきます。

持たなくてもいいモノ

「若者の車離れ」という言葉は、私が物心つく頃から毎年恒例行事のようにメディアで聞いています。

埼玉にある私の実家周辺では、若者の車離れどころか街から若者が離れてしまっているのでそれ以前の問題ですが、東京も地方から出てきた人が特定の地域に集まっている結果、家賃も上がり駐車場の値段も上がり、生活の中に車を持つ余裕がなくなっているのでしょう。

それに東京の場合、実際車よりも電車のほうが小回りがきくことも多いですし、普通に生活する分には必要ないモノだとも言えます。

若者が車から離れてしまった原因は、車自体の魅力が落ちたというよりも土地の広い田舎から人が離れてしまった結果なんじゃないかというのが個人的な見解です。

私も今は都内に住んでいる人間の一人なので運転する機会はあまり多くありませんが

「車」というモノ自体は好きです。

夏のキャンプや冬のスノーボードに行くときは確実に必要ですし、地方に旅行に行く際などは、やはり車以上に便利な道具はありません。

先日、仲間と行った北海道旅行でも現地でレンタカーを借りましたが、いつでもどこでも好きなように、好きな時間に移動ができるのは楽しいことこのうえなし。

やはり電車とは違い友人・家族とパーソナルな空間を持てるというのがいいです。電車は立っていること以上に周りへの気遣いからくるストレスが大きいように感じます。

私は現在、中目黒周辺に住んでいるのですが、日常のちょっとした隙間に車を借りようと思っても近くにレンタカー屋さんがないのがちょっとした悩みでした。そんなときに目に入ってきたのは、最近よく見かけるようになった「Times」の黄色い小さな看板。近づいて看板を見てみると、そこには「タイムズでカーシェア」という文字が。「カーシェアリング」という言葉、なんとなくどこかで聞いたことがあるなと思い調べてみたところ、一台の車を不特定多数の人で共有し、予約さえしておけばいつでも自由に借りることのできる仕組みなのだとか。

Times の場合、予約さえしておけばいつでも借りたいときに借りられるし、延長したいなと思ったらボタン一つで終了。

家のすぐ近くにカーシェアステーションがあるということもあり、最近はたびたびTimes で車をシェアしています。人件費がかからないからなのか、料金的にも普通のレンタカー屋さんで借りるよりも圧倒的に安いですし、何より全部アプリでサクッと完結するというのが気持ちいいです。

「車離れ」どころか、これならもっと車に乗りたいなと思わせてくれる、そんなサービスです。

さて冒頭の話に戻りますが、私は運転することは好きです。

自分の好きなタイミングで好きなところに行けるのはやはり気持ちがいいですし、流れていく景色を見ながら助手席の道連れと談笑するのも楽しい時間。

ドライブが趣味です、という人もいるくらいで、運転すること自体は面白い体験であることは間違いないのですが、今の若者はその「運転」に接する機会が少なくなっている印象です。

周りで車を持っている友人もいないですし、都会は交通量も多くて初心者が運転をするには少し不安、という気持ちもわかります。

そんな中で「若者の車離れ」だとか言われても、「そりゃそうだよな」という話です。乗っていない運転もしていないのに、いきなり値段も維持費も高い車を買います！　という人のほうが珍しいというものです。

だからこそ、今若者と車のあいだに求められているのは「気軽に運転する機会」、これに尽きるでしょう。

そういう意味では、カーシェアリングは車の未来を考えるうえで非常に重要な存在だと思います。あれだけ気軽に手軽に車に乗れるのであれば、今週末出かけるときに借りてみよう、ちょっと重い買い物をするからタクシー代わりに使ってみようと日常のあらゆるシーンに車が入り込んできます。

そうやって車が少しでも身近な存在になればしめたもの。気がつけば運転をするのが楽しくなって、いつの間にか自然とほかの誰とも共有ではない、自分の車がほしくなってくるはずです。

実際私も、「車を持つ必要はないかな」と今までは考えていましたが、定期的にカーシェアリングを利用するようになってから、近い将来自分の車を持ちたいなと思うように心境が変化してきました。

車のように高価なモノこそ、触れる機会と見極めの時間が必要になります。

その意味ではカーシェアリングは若者の車へのハードルを下げ、距離を近づけてくれる良い仕組みだと思います。**モノを手に入れる際、いきなり持つのではなくまずは触って自分に馴染むかどうかを確かめる「体験」の過程が大切です。**

実際に「体験」してみて自分がときめいてきたら、そのときにはじめて購入を考えればいいのです。

自動運転の波が見えてきている現在、もしかしたら人が車を運転する時代というのはあと十数年で終わってしまうかもしれません。それならば自分でアクセルを踏み、ハンドルを握り、行きたいところに自分の手で自由に行くという感覚を今のうちに味わっておくのも貴重な経験になると思います。

chapter

3

モノ選びのマイルール

たくさんのモノに触れ、日々試している私ですが、
モノを選ぶときにはいくつかのルールにしたがって判断しています。
読者のみなさんが持っている「自分なりのルール」はなんだろうか、
と考えながら読んでほしいです。

Monomalism
RULES

1ジャンル1アイテム

モノが好きな私ですが、ただ単に物欲に身を任せあれもほしい、これもほしいとさまよっているわけではありません。

むしろ量は必要なく、洗練に洗練を重ねた、蒸留後のブランデーのような濃い一滴がほしい。「なんでも」は必要ありません。無駄なモノはいらないのです。

極力無駄なモノを買わず、本当に自分が納得のいく逸品のみを揃えるために私が徹底しているマイルールが「**1ジャンル1アイテム**」。

同じジャンルのモノは一つしか持たず、残さない、という非常にシンプルな決まりですが、これはモノ選びの目を養うために非常に有効なルールだと感じています。

PCもスマホも鞄もカメラもスピーカーも持ちモノのほぼすべてに、このルールが適用されています。

このルールにおいて重要なのは「判断軸」を作れるということ。何か漠然と新しくほしいモノがあらわれたときに「これは今自分が持っているモノよりも良いモノなのか」という比較ができるという点に意味があります。

このルールの性質上、新しくモノを買ったら一つ前の世代のモノは捨てなければなりません。あと戻りできないのです。

ですから、真剣に「新しいモノのどこが優れているのか」「買い替える必要性がどこにあるのか」ということを考えます。

その厳しい審査を抜け、新しくラインナップに入ったモノは各ジャンルの「暫定1位」の王者。その王座決定戦を何度も繰り返していくうちに必然的に持ちモノは洗練され、良いモノだけが残っていきます。

こうして勝手に身の回りのモノがステップアップしていくエコシステムが確立しているわけです。

「1ジャンル1アイテム」で、モノが一つ増えたら一つ減らすようにすると、**基本的にはモノが増えるということはありません。ただ入れ替わるだけ。**

このマイルールがあることによってモノの整理と把握にもつながるのです。今の私にとって「カメラ」と言えばソニーのα7R IIですし、「鞄」といえばMOTHERHOUSEのアンティークスクエアバックパック。「**ジャンル＝アイテム**」**そのモノとして認識しています。**

難しいのは衣服ですが、これも可能な限りは「ジャンル」にわけて「1ジャンル1アイテム」を守るようにしています。

「パンツ」では少しジャンルが広くなってしまうので「ジーンズ」「スラックス」「チノパン」という小ジャンルにわけて必ず一本ずつ。「シャツ」は「サックスブルー」「グレー」「ホワイト」というカラーでジャンルわけをして一つずつ。

極力このジャンルを増やさないように気をつけながら、一つひとつをふるいにかけて洗練させていく。そうすれば勝手に周りが優れたモノ、愛着のあるモノで揃っていきます。

私の周りでも4〜5年競争を勝ち抜き、使い続けているモノがありますが、そういうモノはやはり特別な存在感があります。常に天秤に計られているという緊張感があると、モノにも張りが生まれるのでしょうか。

「1ジャンル1アイテム」。これが私のモノ選びの一番の基礎になっているマイルールです。

Monomalism
RULES

詳しい人に聞くのが一番

何か新しくモノを買おうと思ったとき、自分が得意なジャンルのモノであればある程度調べ方や比較基準を知っているので、どんなモノが必要なのか、それのどこが良いのかということを手早く把握することができます。

しかし、自分にとって未知の製品ジャンルに手を出す際は、その良し悪しの判断基準がまったくない状態なので、どうしても検討に時間がかかってしまいます。

新しいジャンルに手を出す際、とりあえずお店に行ってみたりネットで検索をしてみたりすると思いますが、私はあまりおすすめしません。

店舗はどうしても自分のお店の商品を売らなければいけないという制約があるのでフラットな意見を聞くことは難しいですし、ネットも今では同じように収益目的のサイトが検索上位を占めることも多いのでどこまで信頼していいかわかりません。

お店もネットも自分がある程度知識を持てたら、参考として非常に有益な情報を与えてくれるのですが、まったくわからないうちは振り回されてしまうことも多いでしょう。

そこで、私の場合はまず**「身近な知り合いで詳しい人がいないか」というところから**

探しはじめます。

どんなジャンルでも、きっと友人知人の中に一人くらいは詳しい人間がいるはずです。多少疎遠になっていても、その人が知識を持っていそうだったら私は勇気を出して一言LINEやFacebookメッセンジャーで連絡をとってみます。

「久しぶり！　○○って△△に詳しいと思うんだけどちょっと教えてほしいことがあるんだ……」と。いきなりそんなメッセージを送って失礼なのでは、と思われるかもしれませんが、聞かれる側としては自分の得意分野の話なので意外と悪い気はしないのです。得意なことであればむしろ誰かに伝えたいとすら思っていますし、人から頼られるというのはそれだけで気持ちがいいものです。

こういった「身近な専門家」がいたら積極的に話を聞きにいってみましょう。

その人自身の好みはありますが、基本的には利害関係がないので中立的でバイアスの少ない情報を教えてくれるはずです。どこを見ればいいのか、何が判断基準なのか、という基礎を教えてもらいましょう。この予備知識を持っているかどうかによって街やネットの情報が何倍にも価値を増します。

身近に専門家がいないという場合は、ネットの中でも「個人で情報を出している専門家」は多くいるので、彼らに聞いてみるのもいい方法だと思います。

同じネットの情報でも顔の見えない比較サイトの情報よりも、個人が自分の顔を出し責任を持って発信している情報のほうが信頼に値するというのは自明の理でしょう。Twitterなどパブリックな場で質問をすれば、周囲の目もあるので中立的で間違いのない情報をきっとくれるはず。

車の話だったらあの人に聞いてみよう、靴だったらあいつがかなり詳しかったはず、と知り合いに「何かの専門家」が増えていけば、自分自身の引き出しも増えますし、人生にも幅が生まれてきます。

Monomalism
RULES

「調和」を第一に

「良いモノ」の定義は人によって異なります。人それぞれ体型も性別も住んでいる場所も性格も違うのですから、誰にとっても適しているというモノは存在し得ないでしょう。

わかりやすく言えば、ECWCSのような素材の質が良くて格好いい防寒着も雪国では重宝しますが、温暖な地域に住んでいる人には無用の長物。

普段から移動が多い人には持ち運びできるPCが便利ですが、デスクに座っている時間が多い人ならデスクトップ型の据え置きのほうが適しているはず。

モノ自体の「良さ」とその人にとっての「良さ」は実のところあまり関係がありません。人や場面、ジャンルごとにそれぞれの「良さ」があるのです。

それでは自分にとっての「良さ」とはどのように判断すればよいのでしょうか。**私はモノの良さとは「調和」にあると考えています。**

何か新しく迎え入れようと思うモノがあったら、まず一度イメージをしてみてください。そのモノが自分の生活の中にストンと落ちてくるか。まるではじめからそこにあったかのようにするりと日常に溶け込んでくるか。あなたが持っているほかの持ちモノと共存できるか、その持ちモノたちの中でどういった役割を果たすのか。

具体的には、服を買うときにその服が自分のクローゼットの中にあって違和感がないか、ほかの服と喧嘩をしないか。新しいペンケースを買ったときにそれが自分の鞄の中にしっくり収まるか、デスクに並べてみたときに景観を損なわないか。**日常のシーンで使う図を具体的に考えてみましょう。**

そしてたまにあるのが、モノ自体はとっても魅力的だけれども自分の持ちモノや部屋のテイストに合わない、という場合。

一度や二度ならばいいのですが、これが何度も続く場合は**もしかしたら現状のモノたちがあなたの足を引っ張っている可能性があります。**

今手元にあるモノは今までの生活の延長線上なので、全部が全部あなたの「ときめくモノ」ではないはず。興味をひかれるモノのどれもが、今と合わないと感じてしまったら、むしろ新しくほしいモノのほうがあなたの今の感性に近いのかもしれません。

その場合は感性を信じて新しいジャンル、テイストに手を出してほしいのですが、闇雲に買い進めてしまうのは危険です。必ず事前に「こういう部屋にしたい」「こんな生活スタイルにしたい」という理想像を決めてから動き出すようにしましょう。

イメージ作りをする際に私がいつも使っているのは「Pinterest」というwebサービス。古くからあり長くユーザーに愛されているwebクリッピングサービスですが、「room」や「バッグの中身」と検索するだけで世界中のセンスの良いアイデアを、直感的に瞬時に集めてくれます。

その中から自分の理想となり得るものがあれば保存をしておいて、いつでも見返せるようにしましょう。それがモノ選びの今後の「基準」になります。何かほしいモノがあらわれたときでも一時の感情に流されず、**自分が実現したい世界観はどんなだっただろうかと、**一度その画像を見返して考えてみてください。

モノ選びはそのモノ一つ単体で完結する行為ではありません。むしろほかのモノと並べてみて、自分の理想と照らし合わせてみて、そこに合致するか否かという審査の作業。自分の中に一本通った「芯」を作り、その世界観を崩さない、「調和する」モノを揃えていけば必然的にあなたの目指す理想の空間ができあがります。

Monomalism
RULES

一見は手ざわりにしかず

モノの良し悪しを判断するうえで、私が大事にしているのが「触る」ということ。

実際のそのモノに触れてみて、持ってみて、擦ってみるという単純で原始的な行為からわかることが山のようにあります。

たとえ同じ牛革という素材であっても、軽く触れただけで表面の滑らかさ、肌に吸いつくような質感、厚み、表面の毛羽立ちと、さまざまな「情報」が指の先から伝わってきます。ウールならば目の細かさ、凝縮感。紙でも木材でも、触っただけで「これだ」と感じるモノがあります。

同様に自然由来の素材を使っていない電化製品のようなアイテムでもこの法則は同じ。スペックを見ずとも触っただけで「これはきっと良い製品だ」と感じる類いのモノが存在します。

私がよく使うのは**「詰まっている」**という言葉。小さな筐体にずっしりとした重量感。できるだけサイズを小さくコンパクトにするために極限まで内部構造を改良し圧縮し、一分の隙もなく作られている、それがわかるようなデバイスは良いモノであることが多いです。

「詰まっている」の代表格で言えば、やはりiPhoneの存在は捨て置けないでしょう。ジョブズがiPhoneの開発中、試作機を水槽に放り込み、中から気泡が出るのを確認し「空気が入るスペースがあるのだから、まだ小さくできるはずだ」と言ったという逸話は有名です。

そのおかげかiPhoneはまるで小さく薄い一枚の鉛の板を持っているかのような独特な「詰まっている」感覚を感じることができます。このように良い製品ほどその「こだわり」が形となって、「重み」となってあらわれることが多いのです。

Apple Storeの店舗レイアウトを見てもモノ作りに対する自信が見てとれます。Apple StoreにはMacやiPhoneが「ただ置かれている」だけ。派手なポップもスペック表もなく「触ればわかる」と言わんばかりに整然と製品が並べられています。本当に良いモノであれば言葉はいらず、感覚で伝わるのです。

ネットショッピングは非常に便利なサービスであることは間違いありませんが、ウィンドウショッピングにはどうしてもかなわないのが、この「触れる」という点。いくら言葉を並べ立てても、動画で事細かに説明しても、感触だけは伝えることができません。**「触れる」という行為には言葉にできない膨大な量の情報が詰まっているのです。**

ですから、悩んだときほど実際そのモノに触れてみることを強くおすすめします。どれだけ前情報で良いと言われていたモノでも、実物を触ったら「なんか違うな」と思うこともありますし、乗り気でなくてもいざ触ってみたら一目惚れならぬ「触り惚れ」してしまった、なんてこともままあります。**とにかくなんでも気になったモノは店員さんに声を掛けて「これ、触らせてください」とお願いしてみましょう。**

そして、触ってきたモノの感覚は指先に蓄積していきます。職人が修業の末にコンマ数ミリの誤差を触感だけで判別できるようになるように、たくさんのモノに触れ、良いモノ悪いモノの感触を覚えていけば指先は極上の〝センサー〟として機能するようになります。そうなれば触れただけで直感的にモノの良し悪しがわかるようになっていきます。お店のモノを片っ端から触ってみて、中から一つ「ビビッ」とくるモノを見つけたときの感覚は一度味わったら病みつきになるはずです。

買い物は楽しい遊びであり、選別眼を鍛える良きトレーニング。せっかくならば目で眺めるだけじゃなく、指先で触れ、撫でてみて自身の感覚を養ってみてください。

Monomalism
RULES

長く使えるモノを選ぼう

一つのモノを自分の生活に迎えるか否かを考える際、私が一つの基準にしているのが「長く使っていけるか」ということ。

単純に、丈夫で耐用年数が長いモノを選ぶという話ではなくて、「長く使っていても飽きがこないか」「数年後も今と同じくらい、もしくはそれ以上に愛を持って使うことができるか」という視点でモノを選んでいます。

流行りモノやデザインが尖っている製品は、そのときその瞬間は満足感を得られるかもしれませんが、来年も再来年も使えるという保証はありません。

極力シンプルでオーソドックスでトラディショナルな「長く使える形」を探すようにしましょう。

面白みは薄れてしまうかもしれませんが、それが数年、数十年単位で使えると思えば愛を持って使えるはずです。

また「形」だけでなく「素材」についてもやはり長く使えるモノが存在します。素材の「強度」というところは一つの判断軸ではありますが、合わせて「変化」という点も重要です。

革や厚手のウール、目の詰まったキャンバスなど、使えば使うほど味が出るような成長を楽しめる素材を選びましょう。これらは年数を経るごとに自分だけのオリジナルの色味、くすみ、手ざわりが生まれ、共に時を過ごすほどに愛着が蓄積されていきます。

育てた先に、5年後、10年後にようやく完成するようなモノを持ちたいとは思いませんか。これらの素材は突き詰めればそれだけ高い金額にはなってしまいますが、毎年流行りに合わせて何かを買い替えるよりも、長い目で見れば決して高い買い物ではありません。**単純にそのモノ自体の金額を見るのではなく「これを買ったら何年使えるか」という減価償却の考えに基づいて判断をすることが大事です。**

このように「長く連れ添えるモノ」が身の回りに集まってくれれば、毎年新しく揃える買い物の量も減っていきます。

「シャツはいつものあれがある」「黒の革靴は今これを育てている途中だから」と、いちいち目移りをせずに済むようになります。パズルを順番に埋めていく感覚で、一つのジャンルに一つずつ、長く寄り添えるパートナーを見つけていきましょう。

Monomalism
RULES

最新のモノを使おう

さっそく前の項と矛盾しているじゃないか、という声が聞こえてきそうです。「長く使えるモノを選ぶ」というのはモノを選ぶ際の、あくまで基準の一つ。基準は決して一つではなくモノの使い方や状況に合わせ、別のものさしでモノの価値を判断することも多々あります。

私の中で「長く使えるモノを選ぶ」と同じくらい重要なものさしが「最新のモノを選ぶ」というマイルール。主にこちらは製品サイクルの速い電化製品を買う際に適用をしています。

基本的に家電やスマートフォン、PC、カメラのような電化製品については、私は常に「最新のモノ」を揃えるようにしています。

理由は前章の「iPhoneを毎年買い替える理由」で語った内容と近く、電化製品は日々アップデートがなされているため、1〜2年前のそれとはモノとしての形や機能が大きく変わってしまっていることがあるからです。ですから一つのモノを長く使おうという考えはあまりなく、できるだけ速いサイクルで買い替えるようにしています。

コスト的にも毎回きちんと前モデルを手放していけばそれほど負担はありませんし、今の時代メルカリやヤフオクなどで買い手は簡単に見つけることができます。

多少コストはかかってしまいますが、前世代のアイテムを使っていて自分自身の感度やリテラシーが下がってしまうことのほうが大きなリスクです。モノ自体の価値ではなく現在の「最新の技術」を知ることができ、使えるということにこそ意味があるのです。そのための勉強代として考えれば十分投資する価値があると言えるでしょう。

「長く使えるモノを選ぼう」「最新のモノを使おう」という二つのルールに共通して言えるのは、**モノを買う前に、そのモノの「使う期間を見定める」ということです。**

「これは長く使えるからこれくらいの金額を使うべき」「これは来年買い替えるけど道具として、勉強として投資をする価値がある」という期間と理由をきちんと考えるようにしましょう。

「長く使えるモノ」という守りの投資、「最新のモノ」という攻めの投資。この両輪を回しながら常に自分が心地良く、進歩していける状態を保っています。

Monomalism
RULES

ほしいと思ったときが買いどき

「ほしいモノ」というのは、ほしいと思ったそのときにすぐ買ってこそ価値がある。

そう思い私は「ほしい」と思うモノがあれば最短距離でそれを手に入れられるよう努力をします。「いつか」買えたらいいなの「いつか」はたいてい来ないものです。今ほしいと思っていても時間が経てば状況も変わり、「いつか」が来たときにそのモノの価値が同じとは限りません。

昔流行ったガラケーもポケベルも今はアンティーク。一昔前にそのモノが発揮していた価値を取り戻すことはできません。でもその当時にはそれを持っているということに価値があった。そのときしかできない体験がありました。「いつか」を待てば待つほどその「モノ」の価値は下がってしまう。**自分が「ほしい」と思っているときが一番「モノ」の魅力が高まっている、価値が高まっている状態なんです。**

11世紀の羅針盤、1980年代のウォークマン。そのとき、そのタイミングで持っていることに意味があるというモノがこの世には確実に存在します。今の時代ではそれがスマートフォンかもしれませんし、AIスピーカーかもしれません。一度しかない人生なので、と月並みなことを言いますが、今だからその価値を享受できる、最大限に発揮できるモノをせっかくなら使いたくないでしょうか。

だから私は企業の新製品やクラウドファンディング系の新しい製品にも積極的に投資をします。それが一般的なモノになってしまう前に、まだ持っている人が少ない状態で所有するということに意味があると思うから。

貴重なモノ、新しいモノに触れるほど「体験」が「情報」という価値になる。そうやって成り立ってきたのが「monograph」というメディアでもあります。

今あなたがそのモノを「ほしい」という感情には何かしらの理由があります。

その理由がなんなのか今はわからなくとも、もしかしたらあとから意味がわかることがあるかもしれません。たまには自分の直感を信じて「ほしい」だけでモノを買ってみるのもいいと思います。

Monomalism
RULES

「正解」を見つける

「安くても良いモノ」はたくさんこの世にありますが、**実際のところ「安い割に良いモノ」であることがほとんど。**そこを最優先にしてしまうのは考えものです。安いモノで囲まれてしまうと、そこから上の「本当に良いモノ」にたどり着くことができないから。

良いモノには人の目を養い、一つ上のステージへ引っ張ってくれる力があります。多少値が張ってでも本当に気に入ったモノを買い、納得してそれを使い続けることができれば「これが自分にとっての正解なんだ」という感覚を得られるからです。

勉強と同じで100の不正解よりも一つの正解のほうが貴重でありたしか。

今後のモノ選びの判断基準として自分の中に蓄積されます。**だからこそ、何かを買うかどうか悩んだときに「値段」を理由にして買うことはおすすめしません。**

「安いから」で選んだ製品は、買ってしまったら最後、そのモノを持つ「理由」がなくなってしまうので、愛着もわかないし長続きもしない。またきっと別の「安いモノ」に気をとられ、結局高い買い物になることが多いです。

もし手に取ってみて素材や機能、質感で「ほしい」と思ったモノがあれば多少値が張っても、勇気を出して手に入れてみてください。そこで「正解」のモノに出会うことができれば、それはあなたのこれからの人生の「基準」として大きな財産になるはずです。

Monomalism
RULES

良いモノは独り占めしない

もしあなたが先ほどの「正解」と呼ぶべき良いモノに出会うことができたら、**ぜひそれを周りの誰かに伝えてください。**

「価格」というのはモノに付随する要素の一つにすぎませんが、それでも購買の意思決定を左右する大きな要因であることは否定できません。

値段にひかれて安いモノばかりを買い手が求めてしまうと、製品にかけられるコストが安くなり、結果的に良いモノを作ることが難しくなってしまいます。

そうなると「正解」に触れることのできる機会が減り、良いモノは嗜好品になり、本当に一部の裕福な人だけが楽しめる存在になってしまう。それはやっぱり、悲しいです。

作り手のためにも私たち一人ひとりが「値段」でモノの価値を判断せず、良いモノにはきちんと対価を払い、また良いモノが生まれる循環を回していかなければならないのです。

第1章で私はモノを買うことを「投資」として表現しましたが、これは自分に対してのみの話ではありません。規模は小さいながらもモノ作りをする人たち全体への「投資」として私は財布からお金を出しています。応援したいからこそ、相応の金額を払う。モノの価値の上に、気持ちが乗る。そうやって多少値段が高くなってもいいと思うのです。

そうして良いモノに出会うことができたら、その成功体験を、あなたのストーリーを周りの方に伝えてほしいです。

「ここの造りがていねいで」「こだわりがあって、サイズがぴったりで」「とにかく格好良くて！」と、モノの良いところを広げてあげるのが作り手にとっては何よりもの恩返しになります。

品質にこだわった製品ほど価格で勝負するのが難しいので、長く製品を世に出し続けるためには周りの評判と信頼、この二つが必要不可欠。微力でもいいから良い製品の未来にかかわることができればと、いいなと思った製品があったら私は必ずそれを誰かに伝えています。

Monomalism
RULES

一日一つモノを捨てよう

普段、私はブログで毎日たくさんのモノについて語っているので、それを読んでいる人には、私が膨大な量のモノに囲まれて生活していると思われてしまうようです。家に人を呼ぶと、「全然モノがないじゃないか」とたいてい驚かれるというのは第2章で書いた通りです。壁一面にずらりとコレクションが並ぶ、収集家の部屋のようなイメージを持っている人すらいました。

たしかに職業上と自分の趣味上、多くの製品を試していることは間違いではないのですが、そのすべてを手元に置いているかどうかというのはまた別の話。むしろ極力身の回りのモノはコンパクトにまとめるようにしています。

その方法として、すでにバンカーズボックスについては紹介しましたが、そもそもルールとして決めていることがあります。

多くのモノに接しながらも、モノの量を増やさず生活ができている理由は、その「マイルール」の存在があるから。

前述の「1ジャンル1アイテム」と同様、モノの量を増やさないためのルールとして「必ず一日一つモノを捨てる」ということも私は常に徹底をしています。

このルール自体は私独自のものでもなく目新しいものでもありません。巷の本屋さんやネットで整理整頓系のジャンルを見にいけば必ずと言っていいほど載っている考え方、ライフハックです。

すでに知っている方も多いルールだと思いますが、それだけ広く認知をされているということは、それなりに意味や効果があるのでしょう。

私自身、最初は半信半疑ではじめてみたものの、今ではこんなに素晴らしいルールはないと思っています。

「一日一つモノを捨てる」ことは難しくありません。

むしろ最初のうちは一つモノを捨てるのをきっかけに、「あれも捨てよう」「これもいらない」と次々にモノを捨てられるはずです。

大事なのは「一つ捨てるだけでいい」というハードルの低さ。コンビニのビニール袋でも、チラシ一枚でもなんでもいいので気軽な気持ちでゴミを一つゴミ箱に捨てると、それが呼び水となり、あれもこれもと自然と片づけモードに移行できるのです。

この「一日一つ」のきっかけさえあれば、面白いように部屋の中のモノが減っていきます。

そして、このルールの真骨頂は「捨てるモノがなくなってから」発揮されます。

毎日少しずつモノを捨てていくと、「もうこれ以上今日は捨てるモノがない」という状況がいずれやってくるはずです。

しかしそこはルールなので、**それでも何かを捨てなければなりません。**

「絶対に何かを一つ今日捨てなければいけない」という目で家の中をくまなく探してみると、今まで「捨てる候補」に入っていなかったモノたちに否が応でも目を向けられることになります。

タンスの中でずっと何年も肥やしになっている衣服、一世代前の電子機器……。なんとなく記憶の片隅に認識はしてはいたものの、捨てるまではいかなかったモノと向き合う機会がようやく生まれるのです。

この段階になれば部屋が片づくだけではなくさらにコンパクトになっていきます。私もたまに「これ以上捨てるモノはないよ」という状況に直面することがありますが、ペン一本、ネジ一本でもいいので捻り出して捨てるようにしています。**常に家の中に捨て**

るモノがないか、無駄なモノがないかと意識を向けることが大切です。

これを続けていったら最終的に何もなくなってしまうのではないか、と思われるかもしれませんが、想像以上にモノは自然と毎日増えていってしまうのでむしろ通常は「一日一つモノを捨てる」でちょうどバランスがとれる程度だと思います。

人が把握し保有できるモノの数には限度があります。モノを大切に思うからこそ、ときには厳しく〝サヨナラ〟することも大事です。

chapter

4

こだわり抜いた普段の持ちモノ

モノマリストの鞄の中身

「ときめくモノをあつめよう」。このテーマただ一つのもとに「monograph」は運営をされています。部屋のモノ、着るモノなどさまざまなジャンルのモノについて日々語っていますが、私の場合そのモノに対する「こだわり」が顕著にあらわれるのが「鞄の中身」です。毎日背中に担ぐため、数は最小限に、重さは最軽量に、そして大きさはコンパクトに。とはいえ、移動が多い私の場合、どこでも最大限のパフォーマンスを発揮しなければならないので質にも妥協ができない。そうして選び抜かれた私の「鞄の中身」たちは熾烈な競争をくぐり抜け、磨き抜かれた至極の逸品たちだと自負をしています。

01

MacBook 12インチ

薄くて軽くて“頼れる”大切なメインマシン

私の今の仕事は、ブログを書くというだけではなく会社の経営者でもあるので、セミナーでの講演、デザインの制作、ページのコーディング、資料の作成、請求書の作成、経費の支払いなど業務は多岐に渡ります。そして、私は仕事のすべてをこのMacBook 12インチ一台で行っています。以前はMacBook Proを使っていたこともあるのですが、仕事柄移動が多いためできるだけ軽量、それでいて必要な仕事がすべてできるマシンを追い求めた結果、MacBook 12インチの2017年モデルを最大限スペックアップするという結論にたどり着きました。1キロにも満たない重量のノートPCなのに記事の更新、画素数の多い写真のレタッチ、Photoshopでの緻密なデザイン、簡単な動画編集まで一台でこなせてしまう万能モノ。PCなどはスペックで横並びにされてしまいがちですが、実際に触れてみて、持ち歩いてみてわかる良さが存在します。筐体に使われている素材、キーボードの打ち心地、操作時のレスポンスの速さ。MacBook 12インチはそのどれもが私の好みにぴったりで、手を乗せるたびに「やっぱりこれだ」と思わせてくれる静かな魅力があります。持ち運びのしやすさと、スペック拡張性の高さ。私の毎日になくてはならない大切な相棒です。

02

プレリーギンザのカードケース&小銭入れ

こだわりをギュッと凝縮した
財布という名のアクセサリー

仕事などで時々海外へ行くたびに日本の電子決済制度の遅れを感じています。アメリカでもヨーロッパでも中国でも韓国でもカード一枚、スマホ一台あれば不自由なく生活できるほど電子決済のインフラが整っているのに対し、日本はまだ現金を必要とする場面が多々存在します。だから私は、微力でも少しずつ日本の電子決済化が進めばと思い、積極的に現金を使わない生活をしています。iPhoneを介した電子決済を使える店舗では必ずそれを利用しますし、使えなければカード決済にしています。カード類はプレリーギンザというメーカーの牛革カードケースの中に入れて、名刺入れ兼財布として使っています（写真右）。表面には特殊な牛革が使われていて使い込んでもシワが出づらく、コードバンのような鈍い輝きを放つ質感が楽しめる逸品。極力現金は使わないようにとは言っても、実際にはどうしても必要な場面が生じることもあります。そんなときの「お守り」として持ち歩いているのが同じメーカーの象革の小銭入れ（写真左）。こちらは使うほどにくっきりと深いシワが刻まれる独特の変化をしていきます。どちらも小さくてもモノとしての質には妥協がありません。こだわりをギュッと凝縮し、磨き込んだアクセサリーのような財布たち。

03

ソニーのα7RⅡと レンズ二本

日常を最高の状態で切り取りたい

私の鞄には常にカメラが入っています。持ち歩いているのはソニーのα7RⅡ。片手で持てる小さな筐体の中にフルサイズのセンサーを閉じ込めた、ロマンあふれるミラーレス。私はこのような「詰まった」感覚のあるモノがやはり好きですね。コンパクトなのに解像度も高く暗所にも強い。動画も撮れるし対応するレンズも幅広い。こんなカメラがあっていいのかと思うほど、申し分のないソニーのフラッグシップモデル。合わせて使っているのはソニーのG MASTERというシリーズの標準ズームレンズと85ミリの単焦点レンズ。仕事のモノ撮りや風景撮影は標準ズームレンズで行い、ポートレートの撮影は85ミリの単焦点で行っています。MacBookと同様にカメラも仕事のパフォーマンスに直結する機材なので、自分が最高だと思うモノを。また、私は凝り性というか良くも悪くも手を抜けない性質があるので、普段も同じα7RⅡを持ち歩いています。レンズは一本で、その日一日のスケジュールを考え、持ち運ぶレンズを決めるのが朝のルーティーン。一度しかないチャンスならば最高の状態で残したいと思い、仕事用のカメラを常に鞄に忍ばせています。鞄の中では一番大きく重いモノですがこれを外すことはできないので、その分ほかのモノを圧縮するように心がけています。

04

MOTHERHOUSEのアンティークスクエアバックパック

四角いリュックの最高峰

私は街で鞄屋を見かけるたびに、「理想のバッグ」を探していました。理想のバッグとは、両手が自由になるバックパックタイプで装飾が少なくビジネス、カジュアルどちらでも使える上品な鞄。バックパックとなるとスポーツ寄りのデザインが多く、鞄屋の棚を眺めてはいつも首を傾げていました。そんな私が鞄屋に目を向けることがなくなったのはMOTHERHOUSEの鞄に出会ってから。全面がブラウンに染色された上質な革で作られ、形状は美しい長方形。マチも狭くサイズもコンパクトなので背中に背負っても野暮ったさを感じさせません。長年探し求めた鞄とようやく巡り合うことができました。エイジングされたような染色が施されていますが、使い込むほどに表面に照りが出て味が増す鞄です。背中の鞄がみすぼらしく見えないように胸を張り、背筋を伸ばして歩くようになりました。

スーツで肩にかけても様になる。

クタッとした革の風合いが堪らない。

05

The Dash

自由になれる完全ワイヤレスイヤホン

　私は耳元に音楽がないと集中することができないので、常にイヤホンを一組持ち歩くようにしています。家の中ではスピーカーやヘッドホンで音楽を聴いていますが、持ちモノはできるだけ身軽にコンパクトにまとめたいのでイヤホンを選ぶように。今まで複数のイヤホンを試してきましたが、最近気に入ってつけているのは左右のイヤホンが独立し一切のコードを排した「完全ワイヤレス型」と呼ばれるタイプのモノ。線が一切ないのでまるで何もつけていないかのような自由さで振る舞えるアイテムです。現在のメインのイヤホンは完全ワイヤレス型のイヤホンThe Dash。小型で操作性も音質も良いので、日常使いからジムでのワークアウト時まで日々活躍してくれています。なんにも縛られず、どこへでも持ち運べる自分だけの「集中空間」です。

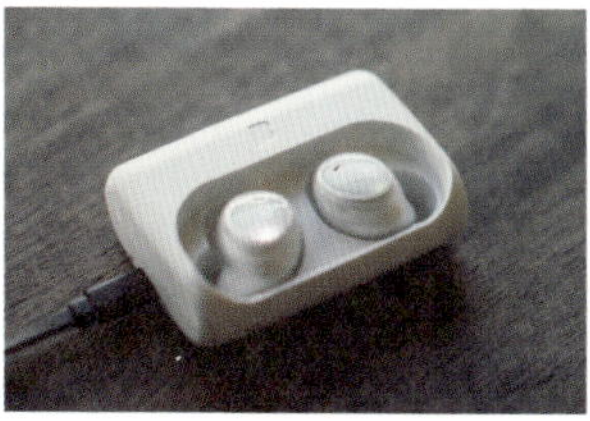

充電中はイヤホンのライトが点灯。

耳へのフィット感がとにかくすごい。

06

トラベラーズノートと無印良品の万年筆

結局、紙とペンに落ち着く

デジタルなモノに囲まれていると、急に紙とペンが恋しくなる瞬間があります。手で触れる紙のサラサラとした質感。ペンでインクをのばし、頭の中の抽象的なイメージを具体的に落とし込んでいく感覚。私は人に何かを説明するとき、もしくは自分の考えをまとめるときのためにパスポートサイズの小さな手帳と一本のペンを持ち歩いています。手帳はデザインフィルという会社が出しているトラベラーズノートというシリーズのモノ。革一枚にゴムを通しただけというシンプルな造りなのですが、中のノート部分を入れ替えることができるので半永久的に使い続けられる手帳です。ふと時間の空いたときにノートに書かれた内容とクタッと柔らかく変化した革を見て、時の流れを感じます。トラベラーズノートに挟んで持ち歩いているのは無印良品のアルミ製の万年筆。こちらも銀色の円柱状の軸の、持ち手部分にすべり止めがついているだけというミニマルなデザインが気に入っています。書き味も立派に万年筆のそれを体現していてついつい線を引きたくなってしまいます。中には別に買ったコンバーター（インク吸入器）をつけ、ペリカンの青のインクを入れて。キーボードを叩いているときとはまた別の発想が、紙とペンからは生まれてきます。

07

Hender Schemeのスエードポーチ

柔らかな手ざわりの小物入れ

小型の電化製品を持ち歩くとそれに応じて充電のケーブルやハブ、指紋を拭くためのクロスなど付属品をセットで持ち運ぶ必要が出てきます。この「付属品」たちの鞄の中での居場所を作ってあげるために、私はポーチを二つ、鞄の中に入れています。どちらもHender Schemeという革製品の扱いが得意な日本のメーカーによる作品で、薄く柔らかなスエード素材を使ったシンプルな小物入れ。大きなポーチには充電用のケーブルやアダプタなどをくるっとまとめて数本入れています。もう一つの小さなポーチには予備のイヤホンとクロスを。細々としたモノはバッグを変えるときなどに入れるのを忘れてしまうことが多いのですが、ポーチにまとめてあげればそのままポンとセットで移動ができるので安心です。手ざわりも優しく、コードを取り出す煩わしさも忘れさせてくれる二つのポーチ。

持ち手も同じ牛革。ちなみに中も。

触れば触るほど好きになる質感。

08

イムネオールのアロマオイル

持ち運ぶ、気持ちのスイッチ

朝の眠気を醒ますとき、仕事をひと段落させほっと落ち着きたいとき、夜寝る前布団に入ってリラックスしながら明日のことを考えるとき。私は気持ちを切り替えるトリガーの一つとして、第2章でも紹介したイムネオールというアロマオイルを持ち歩いています。匂いは感覚の中でも特に直感的で刺激の強いもの。オイルから漂う香りは半ば強制的に作用し心の水面を整えてくれます。朝起きて家を出る前に気合いを入れるために一呼吸。日々の中で疲れを感じたらハンカチを鼻に当てて深呼吸。布団の中でお気に入りの本を薄明かりの下で読みながら、もう一呼吸。日々の生活の所々に「癒しのスイッチ」を常に持ち運んでいます。気持ちの切り替えにも使えますし、ストレスを取り去り肩をフッと軽くしてくれる。爽やかな香りは周囲の人にも良い影響を与えるので一石二鳥。

ハンカチに一滴で一日リフレッシュできる。

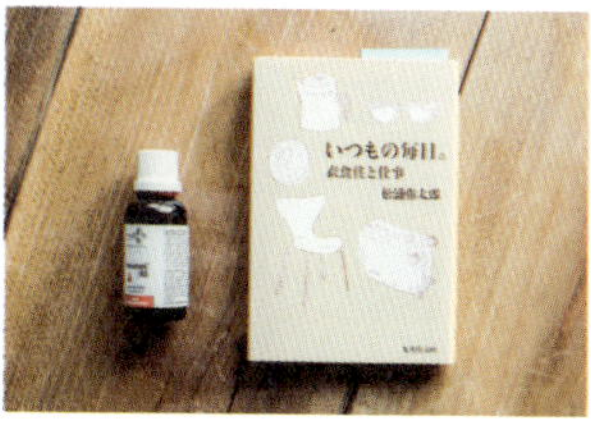

きっかけとなった『いつもの毎日。』と。

09

iPhone XとAnkerのモバイルバッテリー

いつでもどこでもいつまでも仕事ができる

第2章で書きましたが、私が持っているiPhoneは常に最新のモデル。その理由の一つが「仕事道具だから」、ということは述べた通りです。私の場合は、毎日移動しながら仕事をしているので、「バッテリー」が死活問題。必ず電源があるとは限らないですし、移動中は電源を確保することすら難しい。そこで、合わせて持ち歩いているのが〝ガジェット界のユニクロ〟と勝手に私が呼んでいるAnker製の大容量モバイルバッテリー（Anker PowerCore Speed 20000 PD）。わずか360グラムとペットボトル1本分にも満たない重量の中に2万100mAhとたくさんの電気を詰め込める頼れる一本です。これが一つあればiPhoneは七台以上、MacBookもまる一台分充電できてしまうので、バッテリーの心配をせずにいつでもどこでも仕事に集中することができます。

MacBookもバッテリー切れ知らずに。

この軽さとコンパクトさが最強。

10

OLIVER PEOPLESの眼鏡

〝安心〟を鞄の中に

ずっと昔から使っているOLIVER PEOPLESのオーソドックスなデザインの黒縁眼鏡。正確には完全な黒縁ではなく、陽の光に照らすとボディが透け、薄く青がかった色味に変わるところが気に入っています。私は目が極端に悪いわけではないので普段は裸眼で過ごしていますが、細かい文字を読むときや車を運転するときは少し心もとないので、この眼鏡を掛けています。視力だけでなく〝安心〟をくれるのも眼鏡の良いところ。いつも使うわけではないけれど、鞄に入れておきたいお守りの一つ。

11

Insta360 ONE

〝空間〟を旅のお土産に

消しゴムサイズの小型360度カメラInsta360 ONEを一本鞄に忍ばせています。ポチッとボタンを押すだけで上下左右、自分の周り360度の視野をすべて保存できる便利なカメラ。イベントやカフェなどその場の雰囲気を伝えるには360度写真は重宝します。あとからグリグリと画面を動かして見たいところを見返せるので文章を書くときの参考にしたり。〝空間〟そのものをまるっとカメラの中に閉じ込めて帰ってこれる。これのお陰でもっともっといろんな場所に行ってみたいと思えるようになりました。

chapter

5

今ほんとうに必要なモノたち

人生を変えてくれた12アイテム

生活の中に散りばめられたたくさんの「モノ」たち。私はその一つひとつに対してこだわりを持ち、そのモノの良さや選んだポイントを人に伝えられるようにしています。今回この章では普段私の日常生活で触れ合う機会の多いモノを中心に12個選んでご紹介。幅広く、どんな家でも合いやすいであろうアイテムを多めに盛り込みました。これがあったらどんな暮らしが実現できるだろうか、とあなたも想像しながら読み進めてほしいです。まったく同じモノではなくとも、この中からあなたの生活を一歩進めるヒントになるアイデアが見つかればうれしく思います。

「操る」モノ

Magic cube

ここ数年で盛りあがりを見せている「ＩｏＴ（Internet of Things）」。直訳すると「モノのインターネット」ということで、冷蔵庫や電球などさまざまなモノをインターネットにつなげて操作をしたりモニタリングできるという概念です。「ネット」と「モノ」が好きな私なので、これに乗らない手はないと徐々に家の中にＩｏＴ製品を導入しています。自宅のＩｏＴ化をはじめるのであれば、最初に行いたいのが、「家電のリモコンをスマホにまとめる」こと。何か新しいモノを家の中に追加するというよりも家の中にすでにあるモノを活用することからはじめたほうがより大きな恩恵を受けることができるからです。「スマホのリモコン化」を実現するために私が使っているのはMagic cubeというスマートリモコン。各リモコンの赤外線を読み取りそれをコピーすることによって、自在にどんな家電もアプリを用いてスマホ一台で操れるようにしてくれます。ちなみに我が家の環境は少し特殊で、「50インチのモニター」「スピーカー」「ブルーレイレコーダー」の三つを組み合わせてテレビなどを見ています。スマホ一台でモニター、スピーカー、レコーダーとなんでも操作でき、外出先からでもエアコンを「オンオフ」できてしまう、ドラえもんの〝ひみつ道具〟のような小さな箱。

「支える」モノ

Kickflip

何度でも買いたくなる、やっぱりこれだ、と思える製品は間違いなく良いモノだと言えるでしょう。私は一度MacBook 12インチからMacBook Pro 13インチに乗り換えたあと、半年でMacBook 12インチを買い戻した経験があります。そしてそれと同時にもう一つ買い戻したモノがKickflip（キックフリップ）です。これはラップトップの背面につける折り畳み式のスタンドで、取り外しのきく吸着力のある素材でペタッと取りつけて使います。ラップトップの背面に空間を作り本体の角度を上げることにより、「キーボードを打ちやすくする」「排熱効率を上げる」「ディスプレイの位置と目線を上げる」という効果をもたらしてくれるスタンド。ノートブックの場合どうしてもディスプレイを見下げる形になってしまうので首から肩にかけての負担が大きくなってしまいますが、そのディスプレイの位置をKickflipを使えば数センチ上げることができ、首への負担を減らすことができます。キーボードの角度、ディスプレイの位置、排熱とどれも細かなポイントですが長時間いろんな場所でMacBookに向かう私にとっては、これが積もり積もって大きな差になります。MacBookを文字どおり「支えて」くれる大事なPCの一部です。

「箱」のモノ

Fellowes のバンカーズボックス

私の部屋には「収納」（棚や大きなボックスなど）と呼ばれる類いのモノがほとんどありません。収納を置いてしまうとその「枠」の分だけモノが自然と増えていってしまう気がするからです。本当に必要なモノだけ手元に残すように生活をしているので、今部屋にある荷物はすべて白い段ボール箱（Fellowes のバンカーズボックス）の中に収まっています。上蓋がある箱なのでテープなどを使わずに開け閉めでき中身の取り出しも容易ですし、上に同じバンカーズボックスやほかのモノを乗せることができます。それに取っ手がついているので運ぶのも簡単。荷物が増えればこの箱を増やし、減れば数を減らす。「収納」に合わせてモノの数を考えるのではなく、そのときの身の丈にあったモノの数に合わせて「収納」を調整するという考え方です。デザインもシンプルなので同じ箱を等間隔に並べておくだけでお洒落な印象にまとめることができる優れモノ。私はストック系や使う頻度の少ないオフシーズン物などは、バンカーズボックスにまとめて「収納」しています。

普段は使わないモノたちを保管。

「分ける」モノ

SyuRoのブリキ缶

変に几帳面なところがあり、身の回りのモノはすべてカテゴリわけをして、箱に小わけにしてしまっておきたくなる。そんな性分が私にはあります。そしてもう一つ、「箱の大きさは全部同じに揃えたい」というこだわりもあるので、私の家の中は長方形があふれることになりました（バンカーズボックスがいい例！）。手のひらに収まるような、いわゆる「小物」と呼ばれるジャンルのアイテムはSyuRo（シュロ）のブリキ缶の中にきっちりわけて保管しています。東京の下町、長年お茶缶が作られていた工場で生まれたこのブリキ缶。茶葉を湿気させないように気密性を上げる職人の技術はこのブリキ缶にも受け継がれており、蓋を持ちあげると一瞬空気の抵抗があったあとにスッと開くことができます。手の脂によって少しずつ表情を変えていく、紙のように薄く軽いブリキ。この小さな箱たちの中にペンや領収書、リモコン、ヘアワックス、カード、鍵などを入れ、それぞれの居場所を作ってあげています。

文具類との見た目の相性もいい。

「静」のモノ

COMPLYのイヤーピース

冬のオリオン座、コタツの上のみかん、ドーナッツの穴。なくてもいいけどないとどこか物足りない。これがあってはじめて完成する、という類いのモノがあります。このCOMPLY（コンプライ）のイヤーピースも私にとってはその一つ。（完全ワイヤレスイヤホン用。写真下は138ページのThe Dashに装着）このイヤーピースは粘弾性のあるポリウレタンフォームで作られているため、力を入れるとギュッと小さく縮めることができます。これを耳の穴の中に挿し込むとじわじわと膨張をはじめ耳の穴の形に沿ってピッタリとフィットしてくれるのです。一分の隙もなく完全に空間を密閉してくれるので、その遮音性は言わずもがな。イヤーピースというよりは耳栓のように周囲の雑音を消してくれます。通常、イヤーピースというモノは正円状、もしくは楕円状の形をしていますが、人間の耳の穴というのはそこまできれいな幾何学的な形をしていません。人それぞれに異なり歪な形状をしているのです。その異なる形状に合わせるためにCOMPLYが出した答えが、この「膨らむ」イヤーピース。たしかにこの発想なら万人のどんな耳にも最高のつけ心地になります。私にとっては「なくてもいいけど」を通り越して「なくてはならない」とまで言えるアイテムです。

「衣」のモノ

メゾン キツネのオックスフォードシャツ

細身の体に合うように作られた「メゾンキツネ」のオックスフォードシャツ。張りと厚みのある生地が使われていて洗いざらしならカジュアルに、ピシッとアイロンを掛ければフォーマルにも着られるという上質だけれど親しみやすさのある一着です。襟の形、袖口の小ささ、着丈のすべてがまるで私のために作られたのではないかと思うくらいぴったりなサイズ感。シンプルなデザインなので5年、10年経っても着られるであろうシャツ。細身の作りなのでいつまでもこのシャツをきれいに着られるように努力していきたい。上品で親しみやすい、私のユニフォーム。

それぞれの「ブルーさ」も魅力。

「伸ばす」モノ

DBKのドライアイロンと新考社の霧ふき器

洗濯をしているとき、そしてきれいになった衣服にアイロンをかけているときが私の日常の癒やしの時間です。乾燥機から出てきたまだ温かいシャツを手でピンと伸ばし、アイロンでパリッと整えていく。平坦にならされる生地を見ると、一緒に自分の心も整うような気がします。私が使っているのは「DBK（ディー・ビー・ケー）」のドライアイロンと「新考社」のステンレス製の霧ふき器。ドイツ製のこのアイロンは立ちあがりが速く、先端が細いので狭いところでも隅々まできれいにシワを伸ばせるのが気に入っています。霧ふき器はパン屋さんでよく使われている新考社のモノを。親指でレバーを押すと目の細かい霧がじわっと広がります。とにかく濃密で優しい霧を出せるので、アイロンの際にはまんべんなくシャツへ水分が伝わり使いやすいです。この霧ふき器でたっぷり生地に水を含ませてからドライアイロンをじゅわっと押し当てる。休日に好きな音楽をかけながら、ていねいに一枚一枚、シワを伸ばしています。

水を押し出す感覚が心地良い。

「吊るす」モノ

MAWAのパンツハンガー

洗濯をしてアイロンがけを済ませたあと、私は衣服を畳みません。面倒だからというわけではなく折ジワがつくのを避けるため。シャツやジャケット類は無印良品の木製ハンガーに吊るし、パンツの類いはMAWA（マワ）のパンツハンガーに掛けてしまっておきます。MAWAはドイツのミュンヘンの郊外で生まれたブランド。細い針金に滑り止めのコーティングがされているだけというシンプルなハンガーです。クローゼットの中で場所をとらず、すっきりとした印象にできる美しい一本。片方の端がつながっておらず、二つ折りにしたパンツにスッと差し込んでそのまま掛けられる賢いハンガーです。

クローゼットにきれいに並ぶハンガーたち。

「巻く」モノ

DAMUEのカスタムG-SHOCK

一番頻度が高く私の左腕に巻かれている腕時計がDAMUE（ダミュー）というブランドのカスタムG-SHOCK。カシオ計算機の往年の名作G-SHOCKの腕時計に純度92・5％の銀を前面にあしらった特別な一本です。銀のパーツは浅草に住む職人が一つひとつ鋳型から彫り起こし鋳造し、整形され、できあがります。「アウトドア」「タフネス」といったイメージを持つG-SHOCKに、あえて高級感のあるシルバーを施す。これによってフォーマルな場でも十分通用する品位の高い腕時計が生まれました。男らしく無骨。それでいてエレガントな唯一無二のG-SHOCKショック。

気取らない、さり気ないシルバー。

「育てる」モノ

Hender Schemeのスニーカーとキーケース

財布、手帳、名刺入れ、鞄、小物入れ、靴……。私の身の回りのモノに多く使われている〝革〟の素材。牛や羊、象に馬などさまざまな種類の革に囲まれています。革素材の良さは使えば使うほど、個体ごとの「味」が出て愛着がわいてくるところ。革自体の丈夫さもさることながら、「育てる」喜びがあることによって買い替えの頻度も少なく、長く楽しみながら使い続けることができるのが魅力です。これまで述べたように、私がよく購入するのはHender Schemeというブランドの革製品。無垢なのに艶やかなヌメ革を使用した製品が特徴的で、靴から小物にいたるまで浅草の町工場の職人の手で作られています。このブランドの代表的なシリーズが、往年の名作スニーカーをイメージした「オマージュライン」という総ヌメ革のスニーカー。私も近所のセレクトショップでエアフォースワンのオマージュでぴったりのサイズを偶然見つけてしまい、思わず購入してしまいました。キーケースもHender Schemeのモノで丸いヌメ革を二つ折りにしたシンプルなデザイン。毎日手で触っているので白かったヌメ革も飴色を通り越しすっかり〝自分色〟に。エアフォースワンもここまで育てられたら、きっとたまらなく愛しい一足になるに違いない。

「淹れる」モノ

BALMUDA The Pot

朝起きたとき、家に帰ってきたとき、まずコーヒー豆を手で挽く、というのが日課です。ハンドルを回すときの「ゴリゴリゴリ」という音が好きで、音楽を聴きながら、テレビを見ながらゆっくりと挽きます。そのあいだにお湯を沸かしてくれるのがバルミューダのThe Pot。シンプルなマットブラック一色の電気ケトルで、もののI～2分で水を沸騰させてくれます。ハンドドリップでコーヒーを入れやすいように作られているので、注ぎ口が細く、滑らかな曲線を描いています。ハンドルを持って、少し傾ければ均一で細い湯が筋になって流れ落ち、くっと戻せばピタリと止まる。デザインも使い勝手も申し分のない逸品です。私が気に入っているポイントは、スイッチを押すと優しく光るニキシー管のような柔らかな電源ランプ。ミニマルを突き詰めるのであればなくてもいい機能ですが、アクセントとしてあえて一つ取り入れる。シンプル、ミニマルもいいけどそれだけじゃつまらない、ということを語ってくれているような気がします。

こだわりが伝わるランプ。

「作る」モノ

自作のロングデスク

　世の中にはたくさんのモノがあふれていますが、その中で本当に自分にぴったりだ、しっくりくると思えるモノと出会うのは簡単なことではありません。人それぞれ体のサイズも違えば、住んでいる場所も、家も異なりますし、好みの話をはじめたらきりがないことは自明でしょう。納得がいくモノが見つかるまでとことん探してみるという姿勢は大事ですが、どうしても見つからないというときは自分で作ってしまうということも選択肢の一つとしてあることを覚えておきましょう。これまで四部屋ほど一人暮らしの住処を替えてきましたが、私はどの家でも自分好みの部屋にするためにＤＩＹをしてきました。壁を汚さないようベニヤの板を立てて漆喰を塗ったり、柱を立てて壁一面に大きな棚を渡したり、一角の壁をコンクリートに見えるような壁紙に貼り替えたり。今の家では、大きなロングデスクを自作しました。「広い作業スペースを持ったデスク」として、また「日々の生活の土台になるダイニングテーブル」として存在しています。杉の無垢材を四枚つなぎ、丹念にオイルとワックスで磨いたロングデスク。一人ＰＣで作業するも良し、色とりどりのお皿を並べて友人と食事を楽しむも良し。デスクの広さは心と作業にゆとりを生んでくれます。

chapter

6

暮らしを支えるモノとコト

最後の章では、モノとそれにまつわる周りの「コト」についての私の考え方をお話しします。普段どんなことを考えながら私が生活しているのか、それがモノ選びにどうつながっているのかをお伝えしたいと思います。

日々に小さな楽しみを

満員電車で運ばれる人たちや、月曜日が憂鬱だという日曜夜の陰鬱としたツイートを見ると、毎日を「楽しい」と感じながら過ごせている人は、私が思っているより少なくごく一握りしかいないのだということを思い知らされます。

それもそのはずかもしれません。学生時代ならいざしらず、社会人ともなると「楽しいこと」は向こうから勝手に歩いてやってくることはほとんどありません。だからこそ日々の暮らしの中で小さなことでもいいので、楽しいと思えることをいくつ見つけられるかが大事だと思うのです。

みなさんは日々の生活に何か「楽しみ」をお持ちでしょうか。

私は持っています、というよりも「楽しみ」に囲まれています。

この小さな楽しみが積み重なって、支えになっているからこそ、毎日笑顔で頑張れるというものです。

「人生はマラソンだ」と、どこかの会社がCMで言っていましたが、その通りだと思います。給水を小まめにとらなければ元気に走り続けることはできませんから。気合いだけではどうにもなりません。


私は1週間の中でチェックポイント的に楽しみにしている「コト」があります。

たとえば中学生の頃から欠かさず読んでいる、毎週月曜日に発売される『週刊少年ジャンプ』。私と同じでこれのおかげで毎週月曜日を頑張れているという人も多いのではないでしょうか。長く読んでいると、ジャンプという一つの誌面の中ではじまる漫画、終わる漫画を何作も目にすることになります。

たくさんの作品の中からお気に入りを見つけ、人気が出てほしいなと応援する気持ちはもはや親心。漫画一つひとつには終わりがありますが、ジャンプには終わりがないので半永久的に楽しむことができます。

火曜日には近年盛りあがりを見せているフリースタイルラップバトルのテレビ番組『フリースタイルダンジョン』を必ず録画して見て熱くなっていますし、楽しみに追いかけているラジオ番組『星野源のオールナイトニッポン』も更新されるので、翌日「radiko.jp」で聴いています。

水曜日は私が主宰しているブログのコミュニティの集まりがあるので、共通の趣味の人と交流を持ち常に新しい刺激を受けることができています。

このような仕事以外で、人とのつながりや仲間を持つと日々の息抜きにもなりますし、ひょんなことから仕事の幅も広がることが多々あるのでおすすめしたいです。

そして木曜日には友人と近所のジムに通っています。普段デスクワークがメインの私だからこそ、週に一回でも定期的に運動する機会がいいリズムになって1週間のバランスをとってくれます。精神的なリフレッシュにもなりますし、体つきも良くなるので普段の自信にもつながってきます。

このように私は1週間の中で定期的に、そして意識的に「楽しみ」を設定しモチベーションが続くような仕組み作りをしています。

「楽しみ」の内容は人それぞれなので、あくまで参考程度にとらえていただければと思いますが、ここで私が伝えたかったのは「楽しいことは周りにあふれている」ということと「楽しみは自分で作れる」という2点。

月曜日は美味しいラーメンを食べようとか水曜日は友人とランニングをしてみようとか、ほんの小さな楽しみでいいので、それをルーティーン化して日々の中に溶け込ませていくと、気がついたらいつの間にか毎日が楽しくなっていきます。

日本では日曜日の夜が憂鬱な人が多いですが、仕事の中でも外でもいいのでその憂鬱さを乗り越えられる楽しさを見つけていくことが大事。

小さな楽しみが積み重なれば毎日が楽しくなる。この文章が、みなさんの「楽しみ」を見つけるきっかけになってくれればうれしいです。

なんにもない日はなんでもできる日

ふらりと訪れた百貨店の垂れ幕に書いてあったコピー。

「なんにもない日はなんでもできる日」

このコピーが好きで、できるだけ意識的に「なんにも予定がない日」をスケジュールに組み込むようにしています。

予定もTODOも一切入れない、本当に自分の自由に使える一日です。ありがたいことに今は事業が忙しいこともあり、調整が難しくなっているのですが極力週に一日は休日として「なんにもない日」を入れるようにしています。

遅すぎない、でも決して早くもない時間に起きて、コーヒーを飲みながら洗濯物を畳んで、録りためた番組を見ながら掃除をして一息。

「なんでもない日」は言い換えれば「なんでもできる日」。

普段できないことやあと回しにしてしまうことを片づけるための大事な日です。この一日のバッファがあるからこそ1週間の整理と振り返り、バランスの調整ができる。この日がなければ私の生活は回りません。

「なんでもできる」ということは、なんにもしない、ということも選択肢の一つ。文章も書かず、写真も撮らず、どこにもでかけずに家の中でぼーっとしていても許されるのです。

傍目に見たらなんともだらけた一日ですが、それでいいのです。極限までリラックスし、デトックスし、「なんにもしない」を突き詰めると、自然とふつふつと体の奥から「何かをしなきゃ」というモチベーションが生まれてきます。**その「何か」が実は本当に自分がやりたいことだったりするのです。**

文章も書かなかったらまた書きたくなるし、写真も撮らなかったら撮りたくなるのです。どんなに好きなことでも、ずっとそのことを考えていたら疲れてしまうときもあります。**たまにはあえて何もしないで、距離を置いて、好きな気持ちを休ませて、元気を**

取り戻させてあげることが必要なのだと思います。

写真は思い出の形

私はおじいちゃんが大好きでした。

おじいちゃんは若くして小さいながらも埼玉で農機具販売の会社をおこし、その資金を元に自動車学校を開校。その校長を務めたあと、新たな事業を起こす最中に不慮の事故で亡くなったとおばあちゃんから聞かされました。

私がまだ幼い頃に亡くなってしまったこともあり、おじいちゃんの記憶はおぼろげで曖昧です。おじいちゃんが運転するクラウンの助手席に乗り、うつらうつらと船を漕ぎながらバックミラーに映るおじいちゃんの顔を眺めていた、というのが私の中でのほぼ唯一のおじいちゃんとの思い出。とても乗り心地が良かったことは覚えているので、さすが自動車学校の校長なだけはあるなと今更ながら感心しています。

思い出はほぼ残っていないのに私がおじいちゃんのことが大好きだと言えるのは、昔おばあちゃんに見せてもらった一枚の写真があるから。

おじいちゃんの大きなお腹の上で遊ぶ幼い私が写っていました。そして写真に写っていたおじいちゃんの笑顔。私のことを本当に大事に思ってくれていたんだなということが見るだけで伝わる表情でした。


人の思い出は曖昧ですが、写真は確実に「モノ」としてそこに残ります。

人間の脳には限界があるのですべての思い出を保存しておくことはできません。ですが、写真があればそれをきっかけに「思い出す」ことができます。**ただトリガーがないだけで、記憶が消えるわけではないのです。**

だから私は今、できるだけ写真を撮ろうと思って日々を過ごしています。それもそのとき、その場所の感情があふれるような「映える」写真を。写真があれば思い出はもっと強いものになる。より精彩で空気まで写すような写真を撮れるようになれば尚更です。

人生は一方通行、過去に戻ることはできません。できないからこそ、その一瞬を保存して忘れないようにする。そのためにできるだけ「今が映える」写真を撮っています。

「インスタ映え」と言うと撮影する人が揶揄されている印象がありますが、そんな声には一切耳を貸す必要はないと思います。

いいじゃないですか、良い写真を撮りたいという心持ち。少しでも自分をきれいに見せたい、目の前の景色を鮮やかに残したい、友達との楽しい思い出を振り返りたい、その気持ちは素晴らしいものです。

たとえ写真を撮るのが目的だとしてもその過程に思い出が生まれます。きっかけはなんでもいいんです。人の目を気にして何もできないよりはるかに有意義な生き方なはずです。パンケーキだろうがナイトプールだろうが、なんでもいいでしょう。どんどん映える写真を撮りに出かけましょう。

人をつなぐモノ

思い返してみれば、私は小さい頃から何も変わっていないなと感じます。

小学生の頃、私は埼玉県の片田舎の小さな町に住んでいました。町にはスーパーとコンビニが一軒ずつしかなかったので遊びのレパートリーも乏しく、毎日鬼ごっこやかくれんぼをしながら野山を駆け回っていました。

小学校の中学年くらいになると、さすがに外遊びにも飽きが来はじめ、よく漫画を読むようになります。一般的な小学生の例に漏れず『コロコロコミック』を毎月楽しみに待ち、発売日にスーパーへ一目散に駆ける子どもでした。

『コロコロコミック』は本当によくできた雑誌で、漫画でありつつも「ミニ四駆」や「ポケモンカード」など子ども向けのおもちゃを絡めたコンテンツをバランス良く織り込んできます。

今はどうかわからないですが、当時は子どもたちへのマーケティングとして、あれ以上影響力のあるものはなかったのではないでしょうか。おもちゃ自体の紹介もありつつ、合わせて漫画としてストーリーを加えてくるので二重にも三重にも幼心の物欲を掻き立てられました。

私の地元は本当に小さな町でおもちゃ屋さんもないくらいだったので、基本的にそういったおもちゃの類いは電車に乗って何駅も先の町へ行かないと手に入らない状況でした。小学生の頃はまだ電車に乗るということが勇気のいる行動で、お小遣いも限られているので簡単にできることではなかったのですが、それでも私は好奇心と物欲を抑えきれず小銭を握りしめて切符を買って町から外へ出るようにしていました。

バトエン、ミニ四駆、ポケモンカード、遊戯王カード、ベイブレード、ガンプラ……。少年の心を満たすには十分すぎるほどの期待が数駅先の町にはあったのです。行きの電車のドキドキと帰りの電車の満足感は今でも鮮明に思い出せます。そして手に入れた「戦利品」を翌日仲の良い友達に見せるのが好きな子どもでした。

この性分は成長しても変わらず、中学の剣道部時代は特殊な形の竹刀にあこがれ大きな剣道具店がある都会の街へ行き、高校の吹奏楽部時代はあこがれの奏者と同じトランペットのマウスピースを買いに、ついに東京まで足を運ぶようになりました。

そして大学に入ってからは、「monograph」の読者はご存知のように、Macや iPhone、ガジェットやカメラにはまり、気になる製品をいち早く海外から取り寄せたりするように――。

こうやって振り返ってみると小さな頃から今までやっていることは何も変わりません。「三つ子の魂百まで」とはよく言ったものです。小さな頃から続けてきたことが今では仕事になっているのだから、つくづく幸運な半生だと感じています。

今やっている「monograph」というメディアが小学生にとっての『コロコロコミック』、中学生にとっての『週刊少年ジャンプ』のように、毎号読者にとっての楽しみになってくれていればこれ以上喜ばしいことはありません。

そしていつの時代もそうした「モノ」を起点に周りに集まる仲間がいました。

小学生の頃は毎日放課後に友達と集まって遊戯王カードを楽しんでいましたし、高校の頃は当時流行っていたmixiの中でトランペットのコミュニテイを見つけてお互いのパーツについて語り合うことも、オフ会に参加することもありました。

自発的に外部のコミュニティとコミュニケーションをとるようになったのはこれがはじめてで、「トランペット」という一つのモノに対して、世代も性別も超え対等な関係で話をできたのは新鮮な経験でした。

Macや iPhone に関してはユーザーも多いのでコミュニティも幅広く、ブログをやっていたということもあり本当に多くの人とつながりが生まれました。

カメラも今では複数人とフォトウォークに行くほどの趣味になっています。次は今練習しているギターを一緒に楽しめる仲間ができるといいなと思っているところです。

このように「モノ」は趣味に直結しやすいので、好きになっていけばその過程で自然と人のつながりが生まれます。

ましてや今はSNSという便利なモノがあるので、場所や年齢を超えて同じ興味を持つ仲間を見つけることができるようになりました。もし今あなたに好きなモノがあるのであれば、同じモノを好きな人たちを探して飛び込んでみてください。**同じ価値観の人たちと交流するようになればさらに知識が深まり、より興味がわいてくるはずです。**私も良き友人たちのおかげで今も日々新しい物欲を刺激されています。

場所が変われば思考も変わる

知人から「人はいつもの場所から300キロ以上離れると脳が活性化するらしい」という話を聞いたことがあります。

その人は考えに行き詰まったり新しいアイデアがほしかったりするときはふらっと遠くへ出かけてみるのだとか。

知らない土地で、知らない空気や知らない人、知らないモノに触れる。科学的な根拠があるのかどうかはまったくもってわかりませんが、感覚的には納得感のある仮説です。

300キロと言わずとも、数キロ、いや数メートルでも考え方は変わります。ベッドから起きてデスクに座るだけでも、家から出て近くのカフェに行くだけでも。ちょっとした「移動」が刺激になり新しい考え方、アイデアを生んでくれます。

私はこうして毎日のように文章を書いていますが、やはり自宅の中だけで作業をしているとどうしても行き詰まってしまいがち。ですので、もっぱら文章を書くのはどこかのカフェの一角。行きつけのカフェがあるわけではなく、その時々訪れた街のカフェに入って、そこでMacBookに向かっています。そのカフェを探すあいだの街の景色やすれ違う人々を見て刺激を受ける。そうすると、不思議と文章の内容もその土地土地で少しずつ変わってくるのです。

今振り返ってみると、特に自分で「良い文章が書けたな」と思うのはどこか遠くへ旅行に行って、その土地のカフェや新幹線の中で書いた文章であることが多いです。日々キーボードと向き合っているといわゆる「いつもの文章」「いつもの構成」みたいなものができあがってしまって、その中で物語を展開してしまいがち。だからこそ場所だけでも「いつもの場所」から変えてあげて思考や文体に変化を与えたいと思います。不思議なもので暖かく陽気な土地に行けば自然と文章も明るく、寒くて厳かな地に行けば考えも深く冷静な思考に変わるもの。

私は大学生の頃、サンフランシスコのシリコンバレーに滞在した経験があります。そこで何よりも衝撃を受けたのは、立ち並ぶビルでもなく発達したＩＴ技術でもなく、その気候。抜けるような青い空、心地良く吹く爽やかな風が半強制的にとも言えるほど力強く人の精神を高揚させるのです。

シリコンバレーがここまで発展し、世界中から優秀な人が集まる理由はこの「気候」にあるのではないかと本気で私は思いました。それほどまでの心地良さ。

日当たりが悪く寒くて乾燥した場所では植物も育たないように、人間にだって適した環境が必ずあるはずです。その自分に適した環境を探すためにも移動をすることは大切です。人間は環境の影響が大きい生き物。**新しいアイデアがほしいと思ったら一番手っ取り早いのは「移動をすること」です。**

このように「場所を変えて」仕事をするためには、物理的にも精神的にも身軽である必要があります。それを実現するために私は持ち運ぶモノも必要最小限、かつどこでも同じクオリティの仕事ができる一式を揃えています。

詳しくは第4章で紹介した通りです。落ち着ける拠点となる家を持つことも大事ですが、そこに篭っていては考えが凝り固まってしまいます。定期的に外に出かけて、環境を変えて、思考を変える工夫をしてみましょう。

どこでも仕事ができる環境づくりができたなら積極的に場所を移して作業をしてみるべきです。

きっと移動した距離に応じてあなたの仕事とアイデアの幅もどんどん広がっていくでしょう。私もまだまだ狭い範囲で動いているなと感じることが多々あるので、もっともっと気軽にいろいろな場所に足を運べるようにフットワークを軽くしていきたいと思います。あなたの街にも、ふらっと。

「背伸び」をさせるのが私の仕事

「お仕事は何をされているんですか」

これが、独立後、私が聞かれて一番答えに困る質問でした。

起業をする前は、もちろん本業があったので「ＩＴ系の会社で広告の営業を行っています」という答えを返せばよかったのですが、自身で会社をおこしてからはこの答えが難しいと感じるようになっていました。


というのも私は一つの会社の経営者であると同時に一人のブロガー。ブログ「monograph」を基軸の一つとして独立したので、前職のように本業があって複業がブログ、という明確なわけ目はなく、今ではどこからが仕事でどこからが趣味かわからないくらいに境界がなくなってきています。

このこと自体には自身ではまったく不満はなく、むしろ巷でよく聞く「趣味を仕事に」「好きなことで生きていく」の一つの形であると思っているので好ましいのですが、前述のように、ふと「お仕事は何をされているんですか」という質問をされたときに答えに窮する自分がいました。

「会社の経営者」と言ってもしっくりこないし、「ブロガー」とも少し違うと感じています。特に自分の中で引っかかるのは、「ブロガー」という言葉のほう。「ブロガー」というのは、そのまま意味を解釈すると「ブログを書く人」ですよね。意味としてはまったく間違ってはいないのですが、ブログも多種多様で個人的な日記を残すものから、検索で読まれることが前提の一種のマニュアルのようなモノまであるので、この言葉の定義では自分を指すには少し広すぎる気がするのです。

「お仕事は何をされているんですか」

この質問をされるたびに、私は考えていました。
私の仕事はなんなのだろうと。

記事を書くことが、ブログのデザインを整えることが私の仕事なのだろうか。
常に最新の流行を追いかけ、いち早くそれを読者に届けることが仕事なのだろうか。
モノの写真をきれいに撮ることが仕事なのだろうか。
モノに詰まったこだわりをわかりやすく伝えるのが仕事なのか。

ここに書いた「仕事」は間違いなく私の仕事の要素の一つであることは間違いないのですが、感覚的にそれで本当に合っているのかどうか、自分の中で腑に落ちないまま、今まではそれとなく「メディアの運営をやっています」なんて言ってお茶を濁していました。

ところがつい先日、青天の霹靂のように「あぁ、これが自分の仕事なんじゃないか」というヒントが目の前に飛び込んできました。

きっかけはSNSで偶然流れてきた、あの家具販売会社「大塚家具」について書かれた記事です。その記事の中の内容を要約すると「社長が交代し低価格戦略に転向してから売上が低迷している」というものなのですが、私の目が止まったのは社長が交代する前の大塚家具の戦略。それは店舗に来たお客さんに「背伸び買い」をさせるというものでした。

これまでの大塚家具は、店舗にとにかく良いモノを揃え、熟練の販売員を据え、足を運んでくれたお客さんに懇切ていねいにモノの魅力や良さを語り、納得して気持ち良く買い物をして帰ってもらうというような営業方法で業績を伸ばしてきました。

これはもう「戦略」と呼ぶようなものではなく会社としての「姿勢」と言ってもいいでしょう。実際に本物に触れてもらいながら、「この天板はフィンランドで採れたオーク材の一枚板を使っておりまして、使うたびに手の脂が染み込んで一枚だけの色味が出てきます」「この桐たんす、とにかく精巧に作られているので一つ引き出しを閉めると空気圧でほかの扉も開いてしまうんですよ」なんて話をされたらほしくなってしまうのは自然な流れでしょう。

モノを売るために必要なのは、モノそのものに込められた「ストーリー」とそれを的確に伝える「語り手」。

以前の大塚家具はこの「ストーリーを語る」という点において強みを持っていたので、訪れたお客さんの予算を多少超えてでも製品を買わせる力、「背伸び買い」をさせる力があったのだと思います。

実際にいろいろなメーカーさんと話していると感じます。この世に「定価」なんていう概念はないのだと。

値段なんていうものは、これくらいで売りたいという作り手の希望と市場の相場の折り合いでなんとなく決められているだけにすぎません。

大事なのは買う人がその値段で納得するかどうか。シンプルですがこれだけです。大塚家具の販売員のようにきちんとモノの魅力を語り、多少値段が想定より高くてもそれ以上の納得感を持って決断をしてもらう。これが理想的な「背伸び買い」の図だと思います。

私の仕事を概念的にとらえるのであれば、この感覚が非常に近しいと感じています。良いモノを見つけてきて、そのストーリーを語り、読者に多少値段が高くても納得してもらう。読者に「背伸び」をさせ「背中を押す」のが私の仕事なんじゃないか、と最近はよく思います。

私自身、**やはり「高くてもこれは絶対に役に立つ、必要だ」と思って勇気を出して購入したモノのほうが実際に役立っていることが多いですし、愛着もわきます。**

特に仕事道具に関しては「これがあったおかげで仕事の質が上がり、幅が広がった」と言えるモノが多々あります。こういう成功の体験をできるだけ多くの人に感じてもらうのが私のするべきことだと思い日々キーボードを叩いています。

おわりに

本書では私のモノやコトに関する考え方や向き合い方を紹介してきました。この中にみなさんの生活を変えるヒントが少しでも見つかっていれば幸いです。

本書でお伝えした自分だけの「一張羅」、触っているだけで気分が上がる「ときめくモノ」を集めていけば日々の生活は少しずつ上向きに、楽しいものへ変化していくことでしょう。

思わずノズルを引いてしまうような霧ふき器、誇らしい思いで背中を預けることができる鞄、日常を鮮明に永久に切り撮るカメラ……。

これらは私にとっての大切な「ときめくモノ」です。本書をきっかけに、あなたにとっての「ときめくモノ」を探す旅がはじまることを、私は楽しみにしています。

旅と言えば、フランスのことわざに「遠くまで行こうとする人は、馬をいたわる」という言葉があるそうです。

長く連れ添うパートナーを大事にしよう、という意味合いの言葉だと思いますが、同じことが人や生き物だけではなく、もちろん「モノ」にも言えることができます。長く使いたいと思えるモノを見つけ、出会うことができたら定期的なメンテナンスを行いながら、大事に大事に使う。

そうすれば、そのモノが持つ魅力は何倍にも増し、きっとあなたを一つ上の場所まで連れて行ってくれるはず。パートナーとなるモノのことを深く理解し、いたわり、愛を注いでいきましょう。

もちろん、旅の過程で馬具や靴を新しいモノに変えるタイミングも来ることでしょう。この本では私の現在の「ときめくモノ」を紹介させていただきました。これからの新しい出会いによって身の回りで変わっていくモノもあるでしょうし、また同じく変わらないモノもあるでしょう。

私自身も数年後、数十年後、何を使っていて、どんなモノが私の身の回りにあるか今からとても楽しみにしています。

そのときは最新のモノを持っていたいとも思いますし、今持っているモノも引き続き使っていられたら、それは幸せなことだと思います。

私が運営するｗｅｂメディア・ブログ「monograph（https://number333.org/）」の中では引き続き、モノについてのストーリーを語っていきます。本書をきっかけに興味を持ってもらえましたら、私のモノ選びを「monograph」で追ってもらえればうれしいです。


この本を最後まで読み終わったあなたは、もう立派な「モノマリスト」。

一つひとつのモノに対し真摯に向き合い、愛を持って魅力を語れる。その素養が心の内に芽生えているはずです。これから仕事の道具を揃えるとき、人にプレゼントを選ぶとき、部屋のインテリアを考えるとき、モノを選ぶさまざまなタイミングで本書の内容を思い出してください。
そしてあなたの「ときめくモノ」を探し出し手に入れることができたら、喜びとともに友人や恋人、家族、ソーシャルの仲間に伝えてあげましょう。あなたが本当に良いと思ったモノならば、それは周りの人にも有益な情報になりますし、作り手の力にもなります。

どうしても暗い話題が多くなりがちな昨今。良いと思ったモノを愛を持って伝え、ポジティブなコミュニケーションを広げる。そんな「モノマリスト」があふれる世の中になったら、きっと今よりも少し明るい未来が広がるのではないでしょうか。私はそう信じて今日も文章を書いています。

冒頭でも語りましたが、一冊を読み終え、この本があなたの「ときめくモノ」の一つとして胸に残り、「モノマリスト」のあなたに伝えてもらえるような存在になっていればこれほど喜ばしいことはありません。それでは。

堀口英剛

1990年生まれ。埼玉県出身。中目黒在住。ブログ「monograph（モノグラフ）」編集長。株式会社drip代表取締役社長。早稲田大学在学中の2011年にmonographの前身となるブログ「NUMBER333」を開設。ときめくこだわりのあるモノ（製品）を紹介するブログとして、1年3カ月で月間100万PVに成長。大学卒業後、Yahoo! JAPANに入社。大手広告会社の担当営業を務める。本業の傍ら副業としてブログを継続。2014年にmonographとなる。2017年に独立し、株式会社dripを設立。本書が初の著書になる。

「monograph」
https://number333.org/

本書に記載されている「モノ」は
すべて著者の私物です。
メーカーなどへの
お問い合わせは
ご遠慮くださいますようお願いします。

思考と暮らしをシンプルに
人生を変える
モノ選びのルール

2018年3月13日 第1刷発行

著者 **堀口英剛**

発行者 長谷川 均
編集 村上峻亮
発行所 株式会社ポプラ社
〒160-8565
東京都新宿区大京町22-1
電話 03-3357-2212（営業）
03-3357-2305（編集）
振替 00140-3-149271
一般書出版局ホームページ
www.webasta.jp

印刷・製本 共同印刷株式会社

N.D.C. 159/206P/19cm ISBN978-4-591-15833-3

写真
堀口英剛

デザイン
桑山慧人（book for）

DTP
アレックス

校正
東京出版
サービスセンター

〝ときめくモノ〟をあつめよう